U0176564

中国茶品鉴
随身查

林文宝　编著

天津出版传媒集团

天津科学技术出版社

图书在版编目（CIP）数据

中国茶品鉴随身查 / 林文宝编著 . —天津：天津科学
技术出版社，2014.1（2024.3 重印）

ISBN 978-7-5308-8745-5

Ⅰ . ①中… Ⅱ . ①林… Ⅲ . ①茶叶—品鉴—中国
Ⅳ . ① TS272.5

中国版本图书馆 CIP 数据核字（2014）第 092677 号

中国茶品鉴随身查
ZHONGGUOCHA PINJIAN SUISHENCHA

策划编辑：	杨　譞
责任编辑：	孟祥刚
责任印制：	兰　毅
出　　版：	天津出版传媒集团 天津科学技术出版社
地　　址：	天津市西康路 35 号
邮　　编：	300051
电　　话：	（022）23332490
网　　址：	www.tjkjcbs.com.cn
发　　行：	新华书店经销
印　　刷：	三河市万龙印装有限公司

开本 880×1230　1/64　印张 5　字数 168 000
2024 年 3 月第 1 版第 2 次印刷
定价：58.00 元

前言

　　从神农尝百草起，茶历经了无数个朝代，也见证了历代的荣辱兴衰，因而具有悠远深邃的底蕴和内涵。茶不仅仅是人们用来解渴的饮品，同时还包含了中国人细腻含蓄的思维与情感，因而，茶在人们的生活中是不可或缺的。于是，研究茶，学会鉴茶、品茶，感悟茶的魅力，成了爱茶之人的享受。

　　我国有着上千种茶叶类型，如红茶、黄茶、绿茶、青茶、白茶、黑茶和花草茶，其中又包含西湖龙井、洞庭碧螺春、信阳毛尖、君山银针、祁门红茶、安溪铁观音、武夷岩茶等，每种都有其独特的品质与特点，只有了解这些知识，才能更好地品饮；每种茶都有好坏高低之分，可以从外形、叶底、汤色和滋味等方面来鉴别其品质，在了解茶的特性之后，才可能鉴别出每一种好茶。品茶不仅是品茶汤的味道，同时也是一种极优雅的艺术享受，因为喝茶对人体有很多好处，同时品茶本身就能给人们带来无穷的乐趣。品茶讲求的是观茶色、闻茶香、品茶味、悟茶韵。这四个方面都是针对茶叶茶汤而言，也是品茶的基础；另外，品茶还重视对心境的要求，它需要人们平心、清净、禅定，在茶香袅袅中，在唇齿回甘中，人们一定会获得从未有过的精神享受。

《中国茶品鉴随身查》以茶的天然价值为主线，以茶的文化价值为背景，针对当代人的社会生活特点，围绕大家普遍关心的、与茶有关的重要话题，如各类茶的基本常识、重要特色、保健功能、滋味口感、品鉴方法、选购技巧、宜忌人群等，较为系统全面、有针对性地对传统六大茶类（绿茶、红茶、青茶、黑茶、白茶、黄茶）和时下最流行的花草茶的产地、条索、香气、色泽、滋味、汤色、叶底等做了细致描述，且每种茶都配以精美的实物图片，使您更好地认识茶，让您足不出户就能学习到各种茶的鉴赏品饮之道。

"嫩芽香且灵，吾谓草中英。"愿我们的付出，能够让越来越多的人感受到茶文化的神奇魅力，并从中得到身心愉悦的快乐体验。

目录

第一章
绿茶品鉴

第二章
乌龙茶品鉴

第三章
红茶品鉴

🍵第四章
黑茶品鉴

🍵第五章
白茶品鉴

附录
中国十大名茶

第一章
绿茶品鉴

茶，

香叶，嫩芽。

慕诗客，爱僧家。

碾雕白玉，罗织红纱。

铫煎黄蕊色，碗转曲尘花。

夜后邀陪明月，晨前独对朝霞。

洗尽古今人不倦，将知醉后岂堪夸。

——唐·元稹《一字至七字诗·茶》

了解绿茶

　　绿茶，又称不发酵茶，是以适宜茶树的新梢为原料，经过杀青、揉捻、干燥等典型工艺制成的茶叶。由于干茶的色泽和冲泡后的茶汤、叶底均以绿色为主调，因此称为绿茶。绿茶是历史上最早的茶类，古代人类采集野生茶树芽叶晒干收藏，可以看作是绿茶加工的发始，距今至少有三千多年。绿茶为我国产量最大的茶类，产区分布于各产茶区。其中以浙江、安徽、江西三省产量最高，质量最优，是我国绿茶生产的主要基地。中国绿茶中，名品最多，如西湖龙井、洞庭碧螺春、黄山毛峰、信阳毛尖等。

绿茶的分类

☆ 炒青绿茶

炒青绿茶，因干燥方式采用"炒干"的方法而得名。由于在干燥过程中受到作用力的不同，成茶形成了长条形、圆珠形、扁平形、针形、螺形等不同的形状，分别称为长炒青、圆炒青、扁炒青等。长炒青形似眉毛，又称为眉茶，条索紧结，色泽绿润，香高持久，滋味浓郁，汤色、叶底黄亮；圆炒青形如颗粒，又称为珠茶，具有圆紧如珠、香高味浓、耐泡等品质特点；扁炒青又称为扁形茶，具有扁平光滑、香鲜味醇的特点。

☆ 烘青绿茶

烘青绿茶，因其干燥是采取烘干的方式，因此得名。烘青绿茶，又称为茶坯，主要用于窨制各类花茶，如茉莉花、白兰花、代代花、珠兰花、金银花、槐花等。烘青绿茶产区分布较广，产量仅次于眉茶。以安徽、浙江、福建三省产量最多，其他产茶省也有少量生产。烘青绿茶除了用于花茶之外，在市场上也有素烘青销售。素烘青的特点是外形完整、稍弯曲，锋苗显露，翠绿鲜

嫩；香清味醇，有烘烤之味；其汤色叶底，黄绿清亮。
烘青工艺是为提香所为，适宜鲜饮，不宜长期存放。

☆ 蒸青绿茶

蒸青绿茶是我国古
人最早发明的一种茶类。
据陆羽在《茶经》中记载，
其制法为："晴，采之，
蒸之，捣之，拍之，焙之，
穿之，封之，茶之干矣。"

即，将采来的新鲜茶叶，经过蒸青软化后，揉捻、干燥、
碾压、造型而成。蒸青绿茶的香气较闷，且带青气，
涩味也较重，不如炒青绿茶鲜爽。南宋时期佛家茶仪
中所使用的"抹茶"，即是蒸青的一种。

☆ 晒青绿茶

晒青绿茶是指在制作过程
中干燥方式采用日光晒干的绿
茶。晒茶的方式起源于三千多
年前，由于太阳晒的温度较
低，时间较长，因此较多地
保留了鲜叶的天然物质，制
出的茶叶滋味浓重，且带有
一股日晒特有的味道。

绿茶的保健功效

延缓衰老

绿茶茶叶中含有丰富的茶多酚，有关科学实验研究证实，茶多酚的抗衰老效果要比维生素 E 强十几倍。

瘦身减脂

绿茶含有茶碱及咖啡因，可以减少脂肪细胞的堆积，从而达到减肥功效。

清热解毒

绿茶最大限度地保留了鲜叶内的天然物质，是所有茶叶中下火解毒最好的。

防止龋齿、清除口臭

绿茶含有儿茶素，可以抑制致龋菌作用，减少牙菌斑及牙周炎的发生。茶中含有的单宁酸具有杀菌作用，能够阻止食物渣屑繁殖细菌，有效防止口臭。

抗菌

据科学研究显示，绿茶中的儿茶素能够抑制人体内部分致病细菌，而且还不会伤害肠内有益菌的繁衍。

西湖龙井

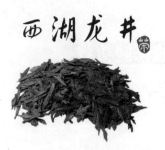

产地	浙江省杭州市西湖的狮峰、龙井、五云山、虎跑一带
外形	条形整齐，扁平光滑，苗锋尖削
色泽	嫩绿光润
汤色	汤色碧绿黄莹，有清香或嫩栗香
香气	有鲜纯的嫩香，香气清醇持久
叶底	纤细柔嫩，整齐均匀
滋味	鲜爽浓郁，醇和甘甜

　　西湖龙井，属于绿茶扁炒青的一种，是中国十大名茶之一，主要产于浙江杭州西湖的狮峰、龙井、五云山、虎跑一带，其中普遍认为产于狮峰的龙井品质

最佳。此外，西湖龙井因自身"色绿、香郁、味甘、形美"四绝而著称，素有"绿茶皇后"的美誉。

　　清明节前采制的龙井茶叫"明前茶"或者"明前龙井"，美称"女儿红"，谷雨前采制的叫"雨前茶"，素有"雨前是上品，明前是珍品"的说法。"欲把西湖比西子，从来佳茗似佳人"就是大文豪苏东坡称赞龙井的诗句。还有"院外风荷西子笑，明前龙井女儿红"，也堪称西湖龙井茶的绝妙写真。

保健功效

　　（1）西湖龙井茶未经发酵而制成，因此茶性寒，可清热、利尿、生津止渴，较适合体质强壮、容易上火的人饮用，是夏季的绝佳饮品。

　　（2）西湖龙井茶含氨基酸、叶绿素、维生素C等成分均比其他茶叶多，营养丰富，可减肥养颜、延缓衰老、促进消化吸收。

　　（3）西湖龙井茶含有的儿茶素、咖啡因等物质，可抑制血管老化，从而净化血液，抑制癌细胞的生成，还能够缓解支气管痉挛，促进血液循环。

雅 名传说

相传，在清代，乾隆皇帝下江南时，四次到西湖龙井茶区视察、品尝西湖龙井茶，赞不绝口。据说，有一次，乾隆帝在狮峰山下胡公庙前欣赏采茶女制茶，并不时抓起茶叶鉴赏。正在赏玩之际，忽然太监来报说太后有病，请皇帝速速回京。乾隆一惊，顺手将手里的茶叶放入口袋，火速赶回京城。原来太后并无大病，只是惦记皇帝久出未归，一时肝火上升，胃中不适。太后见皇儿归来，非常高兴，病已好了大半。忽然闻到乾隆身上阵阵香气，问是何物。乾隆这才知道原来自己把西湖龙井茶叶带回来了。于是亲自为太后冲泡了一杯龙井茶，只见茶汤清绿，清香扑鼻。太后连喝几口，觉得肝火顿消，病也好了，连说这西湖龙井茶胜似灵丹妙药。乾隆见太后病好，也非常高兴，立即传旨将胡公庙前的十八棵茶树封为御茶，年年采制，专供太后享用。从此，西湖龙井茶身价大涨，名扬天下。

◇看外形。上好的西湖龙井茶都是扁平光滑、挺秀尖削、均匀整齐、色泽翠绿鲜活，劣质的西湖龙井茶叶外形松散粗糙、身骨轻飘、筋脉显露、色泽枯黄。

◇闻香气。高级西湖龙井茶带有鲜纯的嫩香，香气清醇持久。这里的香气是指茶叶冲泡后散发出来的气味。西湖龙井茶的香气像兰花豆的芳香，而且其中又掺几丝蜂蜜的甜味儿，续水时那香郁的味道尤其浓烈扑鼻。

◇观叶底。叶底是冲泡后剩下的茶渣。冲泡后，芽叶细嫩成朵，均匀整齐、嫩绿明亮，冲泡后的汤色也是清澈明亮的。

茶汤 碧绿明亮

◇品滋味。宜用玻璃杯，85℃的水冲泡，茶汤鲜爽甘醇，品饮后有一种清新之感，令人回味无穷。

叶底 成朵匀齐

特别提示

（1）特级龙井可以不洗茶。

（2）龙井不宜用沸水冲泡，否则会将茶叶烫熟影响茶叶的色泽口味等。

（3）西湖龙井最好用玻璃杯冲泡，这样就能看清茶在水中翻落沉浮的过程。

浙江龙井

产地	浙江省钱塘江流域、越州一带
外形	扁平光滑
色泽	色泽翠绿
汤色	嫩绿明亮
香气	清香馥郁
叶底	嫩绿匀整
滋味	甘醇爽口

龙井茶是我国著名绿茶, 其产区由原先的浙江杭州西湖一带, 已逐渐扩展至钱塘江流域、越州区域, 除西湖产区的茶叶叫作西湖龙井外, 其他两地产的俗称为浙江龙井。浙江龙井茶为绿黄色, 手感光滑, 一芽一叶或二叶, 芽头略瘦, 闻起来带着一些因炒制带出的火工味。

大佛龙井

产地	浙江省新昌县天姥山一带
外形	扁平光滑，尖削挺直
色泽	绿翠匀润
汤色	黄绿明亮
香气	略带花香
叶底	细嫩成朵
滋味	鲜爽甘醇

大佛龙井是采用西湖龙井嫩芽精制而成，主要分为两种不同定型、具有两种不同风格的茶品，分别为绿版和黄版，区别在于成品茶的外形色泽和对香气的不同追求。绿版尽量要求茶叶青翠碧绿、清香持久，栗香、果香较为显著；而黄版要求茶叶黄多绿少，香高味浓。

安吉白茶

| 产地 | 浙江省湖州市安吉县 |

外形 外形挺直略扁，有的条直显芽，壮实匀整，有的扁平光滑，挺直尖削，形如兰蕙

色泽 绿中透黄、油润

香气 清香鲜嫩高扬而且持久

汤色 嫩绿明亮

滋味 清润甘爽，回味生津

叶底 嫩绿明亮，芽叶朵朵可辨，叶白脉翠

　　安吉白茶，产于浙江省北部的安吉县，它的选料是一种嫩叶全为白色的珍贵稀有茶树，在特定的白化期内采摘，茶叶经冲泡后，叶底也呈现玉白色，因此

称安吉白茶，安吉白茶名为白茶，实为绿茶，它是按照绿茶的加工方法制作而成。安吉白茶通常是在谷雨前后开采，采摘期只有 30 天左右。标准为一芽一叶，大小均匀。要求不采碎叶、不带蒂头、老叶、鱼叶。安吉白茶是以"白叶 1 号"茶树品种的春季白化鲜叶为原料，经过适度摊放、杀青、摊凉、初烘、复烘等工艺加工而成。

另外，安吉白茶是根据一芽一叶初展至一芽三叶而划分品级的，优质的安吉白茶芽长于叶，干茶色泽金黄隐翠。安吉白茶色、香、味、形俱佳，在冲泡过程中必须掌握一定的技巧才能使饮品都充分领略到安吉白茶形似凤羽，叶片玉白，茎脉翠绿，鲜爽甘醇的视觉和味觉享受。

保健功效

（1）安吉白茶的茶氨酸含量要比一般茶叶高 1～2 倍，有利于血液免疫细胞促进干扰素的分泌，提高机体免疫力。

（2）安吉白茶含微量元素、茶多酚类物质及维生素，能增强记忆力，保护神经细胞，缓解脑损伤，降低眼睛晶体混浊度，消除神经紧张，解除疲劳，护眼明目。

（3）安吉白茶可促进脂肪酸化，能除脂解腻，具有瘦身美肤等效果，经常饮用安吉白茶可延年益寿。

雅 名传说

传说，茶圣陆羽在写完《茶经》后，心中一直有一种说不出来的感觉。虽已经尝遍世间的所有名茶，而且也将各种茶汇编为一部书，但是他总觉得还应该有更好的茶。于是，在完成了《茶经》的写作后，他就不再著书，而是带上一个茶童携着茶具，四处游山玩水，名曰寻仙访道，其实是为了寻找茶中极品。有一天，他来到湖州府辖区的一座山上，只见山顶上一片平地，一眼望不到边，山顶平地上长满了一种陆羽从未见过的茶树，这种茶树的叶子跟普通茶树一样，唯独要采摘的牙尖是白色，晶莹如玉，非常好看。陆羽惊喜不已，当即命令茶童采摘下来炒制，就地取溪水烧开了一杯，只见茶水清澈透明，冲泡后清香扑鼻，令陆羽神清气爽。陆羽品了一口，仰天道妙："我终于找到你了，我终于找到你了，此生不虚也！"话音刚落，只见陆羽整个人轻飘飘地向天上飞去，竟然因茶而得道，羽化成仙了……

◇观外形。安吉白茶外形挺直略扁，有的条直显芽，壮实匀整，有的扁平光滑，挺直尖削，形如兰蕙，色泽翠绿，稍显玉色，白毫显露，叶芽鲜活泛金边，如金镶碧鞘，内裹银箭，十分可人。高品质的安吉白茶芽长于叶。此外，精品安吉白茶的干茶色泽是金黄隐翠的。

◇闻香气。具有一种异于其他绿茶的独特韵味，即含有一丝清泠如"淡竹积雪"的奇逸之香。安吉白茶茶叶的品级越高，这种香味气息就越清纯。

◇赏冲泡。一般用玻璃杯，85℃的水冲泡。冲泡后，茶叶玉白成朵，好似玉雪纷飞，叶底嫩绿明亮，芽叶朵朵可辨。

茶汤 清澈明亮

叶底 嫩绿明亮

◇品茶汤。安吉白茶冲泡后，汤色嫩绿明亮，滋味鲜爽，或鲜醇，或馥郁，品饮后，在唇齿长久地留有安吉白茶独特的香气，而且清润甘爽，回味生津。

◇察叶底。上好的安吉白茶叶底嫩绿明亮，芽叶朵朵可辨，叶白脉翠。

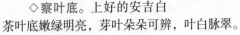

松阳香茶

产地	浙江省丽水市松阳县
外形	条索细紧
色泽	色泽翠润
汤色	黄绿清亮
香气	清高持久
叶底	绿明匀整
滋味	浓爽清醇

　　松阳香茶开发于20世纪的90年代，主要以其条索细紧、色泽翠润、香高持久、滋味浓爽的独特风格为人们所喜爱。香茶的炒制工艺过程包括鲜叶的摊放、杀青、揉捻和干燥四道工序。每道工序都要求精确细致，要求它的原汁原味得到保留。

千岛玉叶

产地	浙江省杭州市淳安县千岛湖畔
外形	扁平挺直
色泽	绿翠露毫
汤色	黄绿明亮
香气	清香持久
叶底	嫩绿成朵
滋味	醇厚鲜爽

千岛玉叶是 1982 年创制的名茶，产于浙江省淳安县千岛湖畔，原称"千岛湖龙井"。千岛湖气候宜人，土质细黏，适宜种茶，早已是中国天然产茶区域。千岛玉叶月白新毫，翠绿如水，纤细幼嫩，获得了茶叶专家的一致好评。

径山毛峰

产地	浙江省杭州市余杭区西北天目山
外形	外形紧细，细嫩紧结
色泽	色泽翠绿，满身毫毛显露
香气	清香持久，有板栗香
汤色	嫩绿明亮，呈鲜明的绿色
滋味	甘醇爽口，嫩香持久，清醇回甘，口感浪润滑
叶底	均匀明亮

　　径山毛峰茶，又称径山茶，是烘青绿茶类中的名茶，主要产于我国浙江省余杭区西北天目山东北峰的长乐镇径山村。径山茶在唐宋时期已经有名。日本僧人南浦昭明禅师曾经在径山寺研究佛学，后来把茶籽带回日本，是当今日本很多茶叶的茶种。

◇**看外观**。径山毛峰茶的茶叶外形紧细，细嫩紧结，毫毛显露，布满整个茶身，色泽翠绿，香气清馥。这些都是上品径山毛峰的品质。如果茶叶条索松散，色泽干涩的话，说明这种径山毛峰茶的质量就次之了。

◇**观冲泡**。径山毛峰茶在冲泡时，可以先放水，后放茶叶，这时，仔细观察径山毛峰茶叶，会发现，茶叶就像天女散花般沉落杯底，这是径山茶一个独特的神奇特征。

◇**闻茶香**。径山毛峰茶的内质有独特的板栗香味，而且香气清香持久。

◇**品茶汤**。冲泡不久后，就会看出汤色嫩绿明亮，呈鲜明的绿色。入口之后，滋味甘醇爽口，嫩香持久，清醇回甘，口感很润滑。

茶汤 嫩绿明亮

◇**察叶底**。几旬过后，径山毛峰茶的叶底会细嫩成朵，但依然嫩绿明亮。若汤色浓绿、叶底有混浊的径山毛峰，毫无疑问是假冒的不合格产品了。

叶底 嫩匀明亮

临海蟠毫

产地	浙江省临海市灵江南岸的云峰山
外形	条索紧细
色泽	色泽翠绿
汤色	碧绿明亮
香气	清雅持久
叶底	嫩绿成朵
滋味	浓厚回甘

　　临海蟠毫产自浙江省临海市，创制于 1981 年，因其蟠曲显毫而得名。临海蟠毫茶素以其色、香、味、形俱佳的高品质特征而获得众多茶人的好评。该茶色泽翠绿，汤色碧绿，叶底嫩绿，经泡耐饮，冲泡 3 ~ 4 次，茶味犹存。

◇观颜色。该茶具有"三绿"特色，即色泽翠绿，汤色碧绿，叶底嫩绿。而且，干茶的色泽在翠绿中还隐约带有一点儿银白色的毫毛。这是临海蟠毫茶的一个比较特别的品质。

◇看外形。临海蟠毫茶叶的外形条索嫩匀，芽叶肥嫩，锋苗挺秀，茸毫显露，卷曲披毫，茶毫为银毫。如果茶叶的条索过于挺拔，或者松散易碎，说明这种临海蟠毫茶叶前期已经受潮，后经商家重新烘干之后才会如此。

◇品味道。临海蟠毫干茶香味似珠兰花香。上好的临海蟠毫茶叶在冲泡之时，茶香浓郁，会散发出鲜浓栗香，犹如新鲜橄榄一样。入口之后，滋味浓厚回甘，芬芳鲜爽，饮之幽香四溢，齿颊留芳，令人心旷神怡。而且，临海蟠毫茶也经泡耐饮，冲泡三四次之后，茶味犹存。

◇察叶底。临海蟠毫茶的茶汤，清澈见底，嫩绿明亮。不仅如此，叶底也是肥嫩成朵，明亮清澈的。而质量较次的临海蟠毫茶会叶底混浊、口感苦涩难耐。

茶汤 清澈明亮

叶底 细嫩成朵

惠明茶

产地	浙江省丽水市景宁畲族自治县
外形	紧缩壮实
色泽	翠绿光润
汤色	清澈明绿
香气	清高持久
叶底	嫩绿匀整
滋味	鲜爽甘醇

　　景宁惠明茶是浙江传统名茶，古称"白茶"。又称景宁惠明，简称惠明茶。产于景宁畲族自治县红垦区赤木山的惠明村。惠明茶外形细紧，稍卷曲，色绿润，具有回味甜醇、浓而不苦、滋味鲜爽、耐于冲泡、香气持久等特点，是名茶中的珍品。

浙江碧螺春

产地	浙江省丽水市
外形	条索细长
色泽	银白隐翠
汤色	嫩绿清澈
香气	清香淡雅
叶底	嫩绿明亮
滋味	鲜醇甘厚

　　浙江碧螺春为新创名茶，是碧螺春诸多品种中的一种，创制于 20 世纪 80 年代。浙江碧螺春是选取明前采摘的一芽一叶嫩芽为原料，经过杀青、揉捻、搓团显毫、烘干等一系列工序制作而成的，所制成的茶品具有"清而且纯"的品质特征。

鸠坑毛尖

产地	浙江省杭州市淳安县鸠坑源
外形	硕壮挺直
色泽	色泽嫩绿
汤色	清澈明亮
香气	隽永清高
叶底	黄绿嫩匀
滋味	浓厚鲜爽

　　鸠坑毛尖产于浙江省淳安县鸠坑源。该县隋代为新安县，属睦州（今建德），故又称睦州鸠坑茶。其气味芳香，饮之生津止渴，齿颊留香。鸠坑毛尖茶于1985年被农牧渔业部评为全国优质茶；1986年在浙江省优质名茶评比中获"优质名茶"称号。

雁荡毛峰

产地	浙江省乐清市境内的雁荡山
外形	秀长紧结
色泽	色泽翠绿
汤色	浅绿明净
香气	香气高雅
叶底	嫩匀成朵
滋味	滋味甘醇

　　雁荡毛峰，又称"雁荡云雾"，旧称"雁茗"，雁山五珍之一，产于浙江省乐清市境内的雁荡山。此饮品有一饮加"三闻"之说。即一闻浓香扑鼻，再闻香气芬芳，三闻茶香犹存；滋味头泡浓郁，二泡醇爽，三泡仍有感人茶韵。

普陀佛茶

产地	浙江省舟山市普陀山
外形	紧细卷曲
色泽	绿润显毫
汤色	黄绿明亮
香气	清香高雅
叶底	芽叶成朵
滋味	鲜美浓郁

　　普陀山冬暖夏凉，四季湿润，土地肥沃，为茶树的生长提供了十分优越的自然环境。普陀佛茶外形"似螺非螺，似眉非眉"，色泽翠绿披毫，香气馥郁芬芳，汤色嫩绿明亮，味道清醇爽口，又因其似圆非圆的外形略像蝌蚪，故亦称"凤尾茶"。

松阳银猴

产地	浙江省松阳瓯江上游古市区
外形	卷曲多毫
色泽	色泽如银
汤色	绿明清澈
香气	香气浓郁
叶底	黄绿明亮
滋味	甘甜鲜爽

　　松阳银猴茶为浙江省新创制的名茶之一。因条索卷曲多毫，形似猴爪，色泽如银而得名。此茶清明前开采，谷雨时结束。采摘标准为特级茶为一芽一叶初展，1～2级茶为一芽一叶至一芽二叶初展。该茶品质优异，饮之心旷神怡，回味无穷，被誉为"茶中瑰宝"。

武阳春雨

产地	浙江省金华市武义县
外形	形似松针
色泽	嫩绿稍黄
汤色	清澈明亮
香气	清高幽远
叶底	叶底嫩绿
滋味	甘醇鲜爽

　　武阳春雨茶产于浙江省金华市武义县，是1994年由武义县农村农业局研制开发的名茶。武义地处浙中南，境内峰峦叠翠，环境清幽，四季分明，热量充足，无霜期长，植茶条件优越，茶叶自然品质"色、香、味、形"独特，具有独特的兰花清香，在历史上享有盛誉。

顾渚紫笋

产地	浙江省湖州市长兴县水口乡顾渚山
外形	外形紧洁
色泽	色泽翠绿
汤色	清澈明亮
香气	香气馥郁
叶底	细嫩成朵
滋味	甘醇鲜爽

顾渚紫笋茶亦称湖州紫笋、长兴紫笋，是浙江传统名茶。产于浙江长兴县水口乡顾渚村，由于制茶工艺精湛，茶芽细嫩，色泽带紫，其形如笋，故此得名为"紫笋茶"，早在唐代便被茶圣陆羽论为"茶中第一"。该茶有"青翠芳馨，嗅之醉人，啜之赏心"之誉。

余姚瀑布仙茗

产地	浙江省余姚市四明山区的瀑布岭
外形	苗秀略扁
色泽	色泽绿润
汤色	绿而明亮
香气	香气清鲜
叶底	嫩匀成朵
滋味	滋味鲜醇

　　余姚瀑布仙茗茶属绿茶类，产于余姚市四明山区的瀑布岭。该茶采用大茶树的芽叶制成，品质优异，在唐代已负盛名，陆羽誉之为"仙茗"。明代诗人黄宗羲还写了一首名为《余姚瀑布茶》的诗，"炒青已到更阑后，犹试新分瀑布泉"，就是其中的名句。

羊岩勾青

产地	浙江省临海市河头镇羊岩山茶场
外形	形状勾曲
色泽	翠绿鲜嫩
汤色	清澈明亮
香气	香高持久
叶底	细嫩成朵
滋味	滋味醇爽

　　羊岩勾青茶，原产于国家历史文化名城——临海市河头镇的羊岩山茶场。是台州名茶，味道尤甚龙井茶。成茶外形呈腰圆，色泽隐绿，汤色黄绿明亮，香味醇厚，较耐冲泡。产量较多，市场占有量大，信誉良好，是群众喜爱的一种中高档名优绿茶。

泰顺云雾茶

产地	浙江省温州市泰顺县
外形	条索紧细
色泽	嫩绿油润
汤色	清澈明亮
香气	清香持久
叶底	黄绿嫩匀
滋味	浓醇味甘

　　泰顺云雾茶产于浙江南部泰顺县，境内云雾弥漫，雨量充沛，气候温和，产茶条件得天独厚，素以云雾茶"驰名于世"。始产于汉代，宋代列为"贡茶"。泰顺云雾茶由于受高山凉爽多雾的气候及日光直射时间短等条件影响，形成叶厚，毫多，醇甘耐泡，含单

宁、芳香油类和维生素较多等特点，且以"味醇、色秀、香馨、汤清"而久负盛名。

泰顺云雾茶具备了所有高山茶甘、醇、香、甜的特征，同时它比一般高山茶回甘更长，更加耐泡，茶性更加温和。仔细品尝，其色如沱茶，却比沱茶清淡，宛若碧玉盛于碗中。若用幕阜山的山泉沏茶焙茗，则更加香醇可口。

茶汤 清澈明亮

叶底 黄绿嫩匀

保健功效

（1）有助于醒脑提神：泰顺云雾茶中的咖啡因能促使人体中枢神经兴奋，增强大脑皮质的兴奋过程，起到提神益思、清心醒脑的效果。

（2）减肥消脂：茶叶中的生物碱，与人体内磷酸等结合形成核苷酸，核苷酸可以对氮化合物进行分解、转化，达到减肥消脂的功效。

（3）有助于利尿解乏：泰顺云雾茶中的咖啡因可刺激肾脏，促使尿液迅速排出体外，提高肾脏的滤出率，减少有害物质在肾脏中的滞留时间。咖啡因还可排出尿液中的过量乳酸，有助于使人体尽快消除疲劳。

泰顺三杯香

产地	浙江省温州市泰顺县
外形	细紧苗直
色泽	油润黄绿
汤色	清澈明亮
香气	清香持久
叶底	嫩匀鲜活
滋味	浓醇清爽

　　泰顺三杯香产于浙江泰顺县。它以香高味醇，因冲泡三次后仍有余香而得名，属于炒青绿茶之列。品质以春茶为优，秋茶居中，夏茶居次。近年来，由于制茶工艺的改进，三杯香的清香比婺源茗眉更持久，因而连续多次荣获省级名茶奖，被列为浙江省优质地方名茶。

开化龙顶

产地	浙江省衢州市开化县齐溪乡白云山
外形	紧直苗秀
色泽	色泽绿翠
汤色	嫩绿清澈
香气	清幽持久，伴有幽兰清香
叶底	嫩匀成朵
滋味	浓醇鲜爽

　　开化龙顶茶产于浙江省开化县齐溪乡白云山。该茶采于清明、谷雨间，选取茶树上长势旺盛健壮枝梢上的一芽一叶或一芽二叶初展为原料，是中国的名茶新秀。1985 年在浙江省名茶评比中，荣获食品工业协会颁发的名茶荣誉证书，同年被评为"全国名茶"之一。

平水珠茶

产地	浙江省绍兴市
外形	宛如珍珠
色泽	墨绿光润
汤色	清澈明亮
香气	浓郁持久
叶底	芽嫩明亮
滋味	醇厚爽口

平水珠茶，也称圆茶，是浙江独有的传统名茶，素以形似珍珠、色泽绿润、香高味醇的特有风韵而著称于世。几百年来，外销不衰，成为我国主要出口绿茶产品，其中尤以"天坛""骆驼"牌特级珠茶为佼佼者。冲后的茶汤香高味浓，经久耐泡。

天目青顶

产地	浙江省临安区天目山
外形	挺直成条
色泽	翠绿油润
汤色	清澈明净
香气	清香持久
叶底	嫩绿匀整
滋味	鲜醇爽口

　　天目青顶，又称天目云雾茶，产于浙江天目山，为历史名茶之一，一直是外销有机茶，并在欧洲茶叶市场有较高知名度。天目山古木参天，山峰灵秀，终年云雾缭绕，非常适合茶树生长。该茶制作工艺精细，原料上乘，是色、香、味俱全的茶中佳品。

江山绿牡丹

产地	浙江省江山市裴家地、龙井
外形	白毫显露
色泽	色泽翠绿
汤色	碧绿清澈
香气	香气清高
叶底	嫩绿明亮
滋味	鲜醇爽口

　　江山绿牡丹产于江山市境内仙霞岭北麓的裴家地、龙井等地。一般于清明前后采摘一芽一、二叶初展。以传统工艺制作，经摊放、炒青、轻揉、理条、轻复揉、初烘、复烘等工序制成。始制于唐代，北宋文豪苏东坡誉之为"奇茗"，明代列为御茶。

南京雨花茶

产地	江苏省南京市雨花台
外形	形似松针
色泽	色呈墨绿
汤色	绿而清澈
香气	浓郁高雅
叶底	嫩匀明亮
滋味	鲜醇宜人

　　雨花茶是全国十大名茶之一，茶叶外形圆绿，如松针，带白毫，紧直。主要产地是南京市雨花台。紧、直、绿、匀是雨花茶的品质特色。雨花茶冲泡后茶色碧绿、清澈，香气清幽，滋味醇厚，回味甘甜。

洞庭碧螺春

产地	江苏省苏州市太湖洞庭山一带
外形	条索纤细，卷曲成螺状，表面的绒毛比较多
色泽	翠绿油润
汤色	色泽鲜亮的微黄色
香气	兼有花朵和水果的清香
叶底	嫩绿明亮
滋味	鲜美甘醇，鲜爽生津

　　洞庭碧螺春茶，是中国十大名茶之一，主要产于江苏省苏州市太湖洞庭山一带。那里空气湿润，土壤呈微酸性或酸性，质地疏松，特别适合茶树生长，而且此间茶树与果树套种，所以碧螺春茶叶具有特殊的

花果香味，并以
"形美、色艳、
香浓、味醇"四
绝闻名中外。据
记载，碧螺春茶
叶早在隋唐时期
即负盛名，至今
已有千余年的历

史。"碧螺飞翠太湖美，新雨吟香云水闲。"即是古
人对碧螺春的真实写照与赞美。

保健功效

(1) 碧螺春中含有的茶氨酸、儿茶素，可改善血液流动，防止肥胖、脑卒中和心脏病。其中，儿茶素有较强的抗自由基作用，对癌症防治有益。

(2) 碧螺春中的咖啡因具有强心、解痉、松弛平滑肌的功效，能解除支气管痉挛，促进血液循环，是治疗支气管哮喘、止咳化痰、心肌梗死的良好辅助药物。

(3) 碧螺春茶中的咖啡因和茶碱具有利尿作用，可用于辅助治疗水肿、水潴留。

(4) 碧螺春茶中的咖啡因能调节脂肪代谢，从而起消脂减肥作用。

(5) 碧螺春茶中还含有抗自由基作用的成分，可以有效防治癌症。

雅 名传说

关于碧螺春茶名的由来，还有一个动人的民间传说。早年间，在太湖附近住着一位美丽聪慧的孤女，名叫碧螺。太湖的另一边，有一位勇敢正直的青年渔民，名为阿祥。二人彼此都产生了倾慕之情，却无由相见。有一天，太湖里突然跃出一条恶龙，强行劫走了碧螺。阿祥为了救出碧螺而与恶龙连续交战七个昼夜，结果身负重伤。碧螺为了报答救命之恩，便亲自护理他，为他疗伤。一日，碧螺为寻觅草药，来到阿祥与恶龙交战的地方，偶然发现长出了一株小茶树，枝叶繁茂。碧螺便将这株小茶树移植于洞庭山上并加以精心护理。阿祥的身体日渐衰弱，汤药不进。碧螺在万分焦虑之中，猛然想到山上那株以阿祥的鲜血育成的茶树，于是她跑上山去，以口衔茶芽，泡成了翠绿清香的茶汤，双手捧给阿祥饮尝，阿祥饮后，精神顿爽。当阿祥问及是从哪里采来的"仙药"时，碧螺将实情告诉了阿祥。于是碧螺每天清晨上山，以口衔茶，揉搓焙干，泡成香茶，让阿祥喝下。阿祥的身体渐渐复原了，可是碧螺因天天衔茶，以至情相报阿祥，渐渐失去了元气，终于憔悴而死。阿祥悲痛欲绝，于是把碧螺葬在洞庭山的茶树下，并把这株奇异的茶树称之为碧螺春茶。

鉴 品 赏

◇鉴干茶。洞庭碧螺春的干茶银芽显露，一芽一叶，条索纤细，卷曲成螺状，表面的绒毛比较多，白毫中带有翠绿。而假冒碧螺春为一芽两叶，芽叶长度不齐，呈黄色，而且大都为绿色，而不是白色。

◇鉴汤色。真品碧螺春用开水冲泡后是微黄色的，第一泡的茶汤可能有短暂的浑浊，稍等片刻后汤色就会变清，色泽比较鲜亮。

◇品口感。品饮时，先取碧螺春茶叶放入透明玻璃杯中，以少许开水浸润茶叶，待茶叶舒展开后，再将杯斟满。碧螺春茶的滋味鲜美甘醇，鲜爽生津，细细品味，兼有花朵和水果的清香。在口感上，素有"一酌鲜雅幽香，二酌芬芳味醇，三酌香郁回甘"的说法。

◇观冲泡。将碧螺春轻轻投入水中，茶即沉底，有"春染海底"之誉。茶叶上带着细细的水珠，约2分钟，几乎全部都舞到杯底了，只有几根茶叶在水上漂着，多数下落，慢慢在水底绽开，颜色浅碧新嫩，香气清雅。

茶汤 碧绿清澈

叶底嫩绿明亮

花果山云雾茶

产地	江苏省连云港市花果山
外形	条索紧圆、形似眉状、锋苗挺秀
色泽	润绿显毫
香气	香高持久
汤色	嫩绿清澈，略透粉黄
滋味	滋味鲜浓
叶底	条束舒展，均匀完整

花果山云雾，是绿茶中的名茶，产于江苏省连云港市花果山上。花果山云雾茶始于宋，盛于清，曾被列为皇室贡品。对于花果山云雾茶的描述，有茶诗为证："茶香高山云雾质，水甜幽泉霜当魂。"

花果山云雾享誉中外，颇受爱茶者的青睐，已经渐渐成为大众馈赠亲友的佳品。因此，在选购花果山云雾茶的时候，一定要对其外部特征及其冲泡后的特性有一定了解。

茶汤 嫩绿清澈

叶底 黄绿明亮

◇看外形。从外观上看，花果山云雾茶形似眉状，条索紧圆、叶形如剪，清澈浅碧，锋苗挺秀、略透粉黄，润绿显毫。

◇品茶汤。在冲泡之后，花果山云雾茶的汤色清明，会透出粉黄的色泽，条束舒展，如枝头新叶，阴阳向背，碧翠扁平，香高持久，滋味鲜浓。

◇评叶底。在冲泡两三次之后，花果山云雾茶的叶底依然会有均匀完整的独特品格。

特别提示

在饮用花果山云雾茶的时候，要先将茶叶放入杯中，用80℃左右的开水冲泡，不论杯大杯小，第一次冲泡都先冲大约1/3的位置，三五分钟后再续水饮用。这样冲泡，会使花果山云雾茶耐泡多汁，香气持久。如用沸水冲泡，容易把茶叶烫熟，其色汁不下，反而会适得其反。

金坛雀舌

产地	江苏省金坛区
外形	扁平挺直
色泽	翠绿圆润
汤色	碧绿明亮
香气	嫩香清高
叶底	嫩匀成朵
滋味	鲜醇爽口

　　金坛雀舌产于江苏省金坛区方麓茶场，为江苏省新创制的名茶之一。属扁形炒青绿茶，以其形如雀舌而得名。且以其精巧的造型、翠绿的色泽和鲜爽的嫩香屡获好评。内含成分丰富，水浸出物、茶多酚、氨基酸、咖啡因含量较高。

阳羡雪芽

产地	江苏省宜兴市
外形	纤细挺秀
色泽	嫩绿油润
汤色	清澈明亮
香气	清香幽雅
叶底	色绿黄亮
滋味	浓厚清鲜

阳羡雪芽茶，其茶名是根据苏轼"雪芽我为求阳羡"诗句而得之，是宜兴老字号名茶。阳羡雪芽采制非常重视鲜叶原料，主要选取良种茶树上的芽苞或一芽一叶初展，采取传统工艺和现代机械精制而成，以汤清、芬芳、味醇的特点而誉满全国。

无锡毫茶

产地	江苏省无锡市郊区
外形	肥壮卷曲
色泽	翠绿油润
汤色	绿而明亮
香气	香气清高
叶底	嫩绿匀齐
滋味	鲜醇爽口

　　无锡毫茶是江苏名茶中的新秀，产于美丽富饶的太湖之滨无锡市郊。无锡毫茶以一芽一叶初展、半展为主体，经杀青、揉捻、搓毛、干燥等工序精制而成。其外形肥壮卷曲，香气清高，汤色青绿而明亮。有四个级别，以"惠泉牌"最知名。

金山翠芽

产地	江苏省镇江市
外形	扁平匀整
色泽	黄翠显毫
汤色	嫩绿明亮
香气	清高持久
叶底	肥匀嫩绿
滋味	鲜醇浓厚

　　金山翠芽系中国名茶，原产于江苏省镇江市，因镇江金山旅游胜地而名扬海内外。该茶外形扁平挺削，色翠香高，冲泡后翠芽徐徐下沉，挺立杯中，形似镇江金山塔倒映于扬子江中，饮之滋味鲜浓，令人回味无穷，是馈赠亲朋的极品。

茅山长青

产地	江苏省句容市
外形	挺直如剑
色泽	翠绿油润
汤色	嫩绿清爽
香气	高爽清幽
叶底	嫩绿明亮
滋味	鲜醇浓郁

　　茅山长青，产于江苏句容市，属绿茶类，于1992年经国家林业局和草原审定为优质名茶。茅山长青茶精选优质芽孢制成，色、香、味俱佳，风格独特，回味有甘，香高持久，滋味鲜爽。浸泡时，或呈悬挂水面，或站立杯底，犹如春笋滴翠，具有极高的品赏价值。

产地	江苏省句容市宝华山
外形	挺直紧结
色泽	翠绿鲜活
汤色	浅绿明亮
香气	清鲜持久
叶底	嫩绿匀齐
滋味	鲜醇爽口

　　宝华玉笋，产于江苏省句容市北部的宝华山国家森林公园，是采用大、中叶种茶鲜叶原料经特殊工艺加工而成的高级绿茶。宝华玉笋曾荣获中国国际茶会金奖、第二届"中茶杯"全国名优茶评比一等奖、江苏省"陆羽杯"特等奖。

茅山青峰

产地	江苏省金坛区茅麓镇茅麓茶场
外形	扁平挺直
色泽	绿润显毫
汤色	黄绿明亮
香气	清香高爽
叶底	嫩绿均匀
滋味	鲜爽醇厚

　　茅山青峰，产于江苏省金坛区，为新创名茶，创制于1982年，因茶叶外形锋苗显露，身骨重实，犹如青峰短剑而得名。茅山青峰是以谷雨前采摘的一芽一叶或一芽二叶为原料，经过摊放、杀青、整形、摊凉、辉锅、精制等一系列工序制作而成。

太湖翠竹

产地	江苏省无锡市
外形	扁似竹叶
色泽	翠绿油润
汤色	黄绿明亮
香气	清高持久
叶底	嫩绿匀整
滋味	鲜醇回甘

　　太湖翠竹为新创名茶，产于江苏省无锡市，采用福丁大白茶等无性系品种芽叶，于清明节前采摘单芽或一芽一叶初展鲜叶精制而成。首创于 1986 年，2011 年获得了国家地理标志证明商标。该茶泡在杯中，茶芽徐徐舒展开来，形如竹叶，亭亭玉立，似群山竹林。

竹叶青

产地	四川省峨眉山
外形	形似竹叶
色泽	嫩绿油润
汤色	黄绿明亮
香气	高鲜馥郁
叶底	嫩绿匀整
滋味	香浓味爽

　　峨眉竹叶青是在总结峨眉山万年寺僧人长期种茶制茶基础上发展而成的，于1964年由陈毅命名，此后开始批量生产。竹叶青茶一般在清明前 3～5 天开采，标准为一芽一叶或一芽二叶初展，鲜叶嫩匀，大小一致。成茶扁平光滑色翠绿，是形质兼优的礼品茶。

峨眉毛峰

产地	四川省雅安市凤鸣乡
外形	条索紧卷
色泽	嫩绿油润
汤色	微黄而碧
香气	鲜洁清高
叶底	嫩绿匀整
滋味	浓爽回甘

　　峨眉毛峰产于四川省雅安市凤鸣乡，原名凤鸣毛峰，现改为峨眉毛峰，是近年来新创制的蒙山地区名茶新秀。峨眉毛峰继承了当地传统名茶的制作方法，引用现代技术，采取烘炒结合的工艺，炒、揉、烘交替，扬烘青之长，避炒青之短，制作技术独具一格。

青城雪芽

产地	四川省都江堰青城山
外形	秀丽微曲
色泽	白毫显露
汤色	碧绿清澈
香气	香高持久
叶底	鲜嫩匀整
滋味	鲜浓甘醇

　　青城雪芽，为 20 世纪 50 年代创制的新茶品种，产于四川省都江堰市灌县西南 15 公里的青城山区。这里峰峦叠翠，古树参天，有"青城天下幽"之誉。该茶叶内每 100 克含氨基酸高达 484.29 毫克，色、香、味、形都臻上乘，1982 年被评为四川省优质产品。

蒙顶银针

产地	四川省邛崃山脉之中的蒙山
外形	芽头茁壮
色泽	色黄而碧
汤色	橙黄鲜亮
香气	味甘而清
叶底	嫩黄明亮
滋味	甘醇爽口

　　四川蒙顶银针茶是古时只有皇帝、达官贵人才能有幸一品的贡茶，现已逐渐被寻常百姓家所知晓。明代著名医学家李时珍在《本草纲目》中提及"真茶性冷，唯雅州蒙顶山出者温而主祛疾"。这就表明了蒙顶山茶是唯一中性茶的独特功效。

蒙顶甘露

产地	四川省邛崃山脉之中的蒙山
外形	形状纤细，身披银毫，叶嫩芽壮
色泽	嫩绿油润
香气	香馨高爽，味醇甘鲜
汤色	汤色黄中透绿，透明清亮
叶底	叶底嫩芽秀丽完整
滋味	滋味鲜爽，浓郁回甘

　　蒙顶甘露为中国十大名茶、中国顶级名优绿茶、卷曲型绿茶的代表。产于地跨四川省名山、雅安两县的蒙山。蒙顶甘露是中国最古老的名茶，被尊为茶中故旧，名茶先驱。蒙顶甘露目前为中国"国礼茶"，在我国外事活动中，深得国外嘉宾的喜爱。

◇观外形。从茶叶的外形上来看，蒙顶甘露纤细嫩绿，油润光泽，紧卷多毫，叶嫩芽壮。

◇看叶底。从叶底看，蒙顶甘露叶底的茶芽嫩绿，柔软秀丽，叶质均匀整齐。

◇察汤色。蒙顶甘露汤色碧清微黄，清澈明亮。

◇品滋味。滋味浓郁回甘，香气馥郁，品饮后令人神清气爽，回味无穷。

茶汤 碧清微黄

叶底 嫩绿鲜亮

保健功效

（1）蒙顶甘露内含有较多的茶多酚，能够抑制细菌，保护肠胃黏膜，对消除肠道炎症，治疗痢疾有很好的功效。

（2）茶多酚还能抵消酒内含有的乙醇，醉酒后饮用蒙顶甘露能起到快速醒酒的作用，但是饮用的蒙顶甘露不能是浓茶，饮用浓茶解酒，反而会伤心、伤肾。

（3）蒙顶甘露含有的维生素类物质，能够阻断致癌物质亚硝胺的合成，从而起到抗癌症的效果。

峨眉山峨蕊

产地	四川省峨眉山
外形	紧秀匀卷
色泽	嫩绿鲜润
汤色	碧绿清澈
香气	清香馥郁
叶底	嫩芽明亮
滋味	鲜爽生津

　　唐代有"峨山多药草，茶尤好，异于天下"一说，峨眉山峨蕊主要产于黑水寺、万年寺、龙门洞一带，以香气馥郁著称，是高山优质茶的经典茶种，经过岁月沧桑后，峨蕊茶香飘千里，久享盛誉，产品畅销国内外。

蒙顶石花

产地	四川省西南的雅安市名山区
外形	扁平直翠
色泽	嫩绿油润
汤色	清澈明亮
香气	芬芳鲜嫩
叶底	细嫩匀整
滋味	香醇回甘

　　蒙顶石花是中国十大名茶之一，也是中国最早出现的扁形茶。蒙顶石花的制作工艺一直沿用唐宋时期的"三炒三晾"制法，造型自然而美好似花。此茶产于蒙山，所以名曰蒙顶石花，以滋味鲜美、品质超群而名扬天下。

黄山毛峰

产地	安徽省黄山市汤口和富溪一带
外形	条索细扁，翠绿之中略泛微黄
色泽	油润光亮
香气	清香高长，馥郁酷似白兰，沁人心脾
汤色	汤色清澈明亮略带有杏黄色
滋味	滋味鲜浓，醇和高雅，回味甘甜
叶底	叶底嫩黄，肥壮成朵

　　黄山毛峰，烘青绿茶的一种，以其"香高、味醇、汤清、色润"而被誉为茶中精品，跻身中国十大名茶之列。它主要产于安徽省黄山汤口和富溪一带。国际著名茶学专家、中国茶业界泰斗陈椽先生认为黄山毛峰是茶中极品，并有"黄山毛峰，名山名茶"的题词。

◇**看外形**。正如传说中所言，真正的黄山毛峰确是"品质清高"。它们普遍条索细扁，翠绿之中略泛微黄，色泽油润光亮。其中，特级黄山毛峰堪称我国毛峰之极品，外形美观，每片茶叶约半寸，绿中略泛微黄，色泽油润光亮，尖芽紧偎叶中，酷似雀舌，全身白色细绒毫，匀齐壮实，峰显毫露，色如象牙，鱼叶金黄。其中"金黄片"和"象牙色"是特级黄山毛峰外形与其他毛峰不同的两大明显特征。

◇**品茶汤**。黄山毛峰冲泡时应用水温为90° C左右的开水为宜。冲泡后，汤色清澈明亮略带有杏黄色；香气清香高长，馥郁酷似白兰，沁人心脾。入口后，茶汤滋味鲜浓，醇和高雅，回味甘甜，白兰香味长时间环绕齿间，丝丝甜味持久不退。

◇**观叶底**。黄山毛峰的叶底均匀成朵、嫩黄肥壮、厚实饱满、通体鲜亮，具有高香、味醇、汤清、色润四大特色。而假的黄山毛峰叶底则呈土黄色，且味苦、不成朵。

茶汤 清碧微黄

叶底 嫩黄肥壮

黄山毛尖

产地	安徽省黄山市黄山区新明乡黄山北麓的山脉
外形	条索匀整，重实有峰苗，颗粒紧结，滚圆如珠
色泽	色泽油润，嫩绿起霜
香气	板栗香或花香，并伴有特殊的紫菜香
汤色	淡黄泛绿，清澈明亮
滋味	滋味醇爽
叶底	明亮细嫩，肥厚柔软

　　黄山毛尖，半烘半炒型绿茶，是我国的名茶之一，产于安徽省黄山市黄山区新明乡，是纯天然的高山花香型优品茶，在我国被誉为"国饮"。黄山毛尖采摘期在清明至谷雨之间。按照采摘初展的一芽一叶至一芽三叶，它可划分为特级到三级不等的品级。

◇看外形。上好的黄山毛尖茶从外形上看，嫩绿起霜，条索匀整，重实有峰苗，颗粒紧结，滚圆如珠。如果所选购的黄山毛尖茶条索松扁，弯曲轻飘，颜色暗黄，扁块或松散开口，这些外形品质都是劣质黄山毛尖的表现。

◇闻香气。黄山毛尖茶的香气有嫩香持久、香气清高的特点。根据制作工艺的不同，有的会散发出板栗香，有的会有浓烈的花香，并伴有特殊的紫菜香。

◇品滋味。品质好的黄山毛尖，浓纯鲜爽，浓厚回味带甘，有良好的新鲜味道。

◇察汤色。质量上乘的黄山毛尖茶，其干茶一经冲泡，汤色清澈黄绿，淡黄泛绿，清澈明亮。

◇鉴叶底。上好的黄山毛尖茶在冲泡几次过后，叶底依然是明亮细嫩，肥厚柔软的，如果黄山毛尖茶的叶底出现了黄暗、粗老、薄硬等现象的话，则说明该种黄山毛尖茶的品质较次，如果叶底是红梗，红叶、靛青色及青菜色的，这就是品质最为低劣的黄山毛尖茶了。

茶汤 黄绿澄明

叶底 细嫩柔软

黄山银毫

产地	安徽省黄山市黄山
外形	外形成条
色泽	墨绿油润
汤色	明净透亮
香气	馥郁持久
叶底	明净柔软
滋味	回味甘甜

　　黄山银毫是创新名茶，产自安徽黄山，采摘清明前后一芽一叶嫩芽，要求做到三个一致即"大小一致，老嫩一致，长短一致"，每500克鲜叶，嫩芽数在3000个以上。其精制包括手工拣剔、杀青、揉捻、整形与提毫、烘焙干燥、拣剔与包装等工序。

顶谷大方

产地	安徽黄山市歙县
外形	扁平匀齐
色泽	翠绿微黄
汤色	清澈微黄
香气	高长清幽
叶底	芽叶肥壮
滋味	醇厚爽口

　　顶谷大方又名"竹铺大方""拷方""竹叶大方"。创制于明代，在清代被列为贡茶。大方茶产于黄山市歙县的竹铺、金川、三阳等乡村，尤以竹铺乡的老竹岭、大方山和金川乡的福泉山所产的品质最优。它对消脂减肥有特效，被誉为茶叶中的"减肥之王"。

太平猴魁

产地	安徽省黄山市北麓的黄山区（原太平县）新明、龙门、三口一带
外形	扁平挺直，魁伟重实，全身毫白
色泽	色泽苍绿
香气	香气高爽持久，一般都具有兰花香
汤色	清澈明亮
滋味	滋味鲜爽醇厚，回味甘甜
叶底	嫩绿明亮，芽叶成朵肥壮

太平猴魁，始创于 1900 年，属于绿茶类的尖茶，被誉为中国的"尖茶之冠"。主要产于安徽省太平县猴坑的新明、龙门、三口一带。主要分为猴魁、魁尖、尖茶三种，以猴魁为最好。

◇**看外形。**太平猴魁扁平挺直，魁伟重实，简单地说，就是其个头比较大，两叶一芽，叶片长达5~7厘米，有"猴魁两头尖，不散不翘不卷边"之称。这是独特的自然环境使其鲜叶持嫩性较好的结果，是太平猴魁独一无二的特征，其他茶叶很难鱼目混珠。

◇**辨颜色。**太平猴魁苍绿匀润，阴暗处看绿得发乌，阳光下更是绿得好看，绝无微黄的现象。冲泡之后，叶底嫩绿明亮。芽叶成朵肥壮，有若含苞欲放的白兰花。此乃极品的显著特征，其他级别形状相差甚远。

◇**闻香气。**香气高爽持久的太平猴魁比一般的地方名茶更耐泡，"三泡四泡幽香犹存"，一般都具有兰花香。

◇**品滋味。**太平猴魁滋味鲜爽醇厚，回味甘甜，泡茶时即使放茶过量，也不苦不涩。不精茶者饮用时常感清淡无味，有人说它"甘香如兰，幽而不冽，啜之淡然，似乎无味。饮用后，觉有一种太和之气，弥沦于齿颊之间"。

茶汤 清澈明亮

叶底 嫩匀肥壮

产地	安徽省六安齐头山蝙蝠洞一带
外形	条索紧结，大小均匀
色泽	色泽嫩绿，明亮油润，叶披白霜
香气	清香味、栗香、高火香
汤色	青汤透绿
滋味	滋味鲜醇，回味甘美
叶底	叶底嫩黄均匀，叶边背卷，叶质均匀整齐，直挺顺滑

六安瓜片，又称片茶，属于绿茶中的上品，是所有绿茶当中营养价值最高的茶叶,属国家级历史名茶，名列中国十大经典名茶之一。其主要产地位于安徽省六安市裕安区。

◇**看外形**。六安瓜片的形状呈条形状，大小均匀，条索比较紧。它的干茶用开水发汤后，先浮于上层，随着叶片的开汤，叶片逐一自下而上陆续下沉至杯碗底。由原来的条状开发为叶片状，叶片大小近同，片片叠加。

◇**闻香气**。靠近杯碗口或口面，感觉有悠悠的茶叶清香，其中，清香味属于嫩度较高的前期茶，栗香属于中期茶，而高火香则属于后期茶。

◇**观汤色**。用开水冲泡后，其汤色一般是青汤透绿、清爽爽的，没有一点儿的浑浊。谷雨前十天的茶草制作的新茶，泡后叶片颜色有淡青、青色的，不匀称。谷雨前后用茶草制作的片茶，泡后叶片颜色一般是青色或深青的，而且匀称，茶汤相应也浓些、若时间稍后一会儿青绿色也深些。

◇**品茶味**。喝六安瓜片茶的时候，通常是先慢喝两口茶汤，再细细品味，片刻后，口中会有点儿微苦、清凉丝丝的甜味；叶片营养生长丰厚的茶草制作的片茶，沏泡的茶汤，往往能够使你明显感觉到茶汤的柔度。

茶汤 翠绿明亮

叶底 绿嫩明亮

上饶白眉

产地	江西省上饶市上饶县
外形	条索匀直
色泽	绿润披毫
汤色	碧绿清澈
香气	清高持久
叶底	嫩绿成朵
滋味	滋味鲜浓

上饶白眉是江西省上饶市上饶县创制的特种绿茶，它满披白毫，外观雪白，外形恰如老寿星的眉毛，故而得此美名。其鲜叶采自大面白茶树种。由于鲜叶嫩度不同，白眉茶分为银毫、毛尖和翠峰三个花色，它们各具风格，品质皆优，总称上饶白眉。

双井绿

产地	江西省九江市修水县
外形	圆紧略曲
色泽	银毫显露
汤色	清澈明亮
香气	清高持久
叶底	嫩绿匀净
滋味	鲜醇爽厚

　　双井绿产于江西省九江市修水县杭口乡"十里秀水"的双井村。这里依山傍水，土质肥厚，温暖湿润，茶树芽叶肥壮，柔嫩多毫。双井绿分为特级和一级两个品级。特级以一芽一叶初展，芽叶长度为 2.5 厘米左右的鲜叶制成；一级以一芽二叶初展的鲜叶制成。

大沽白毫

产地	江西省赣州市宁都县大沽乡
外形	紧细显毫
色泽	翠绿油润
汤色	清澈明亮
香气	嫩香怡人
叶底	匀整幼嫩
滋味	鲜爽回甘

　　大沽白毫产于江西省赣州市宁都县大沽乡，其产地有着优越的自然条件，那里群山绵延，云雾缭绕，空气清新，是茶叶的理想产地。该茶多次获得世界级的评奖，是名优绿茶。其外形紧细显毫，色泽绿润，具备一般优质茶叶所具有的特点，属江西八大名茶之一。

产地	江西省上饶市婺源
外形	条索壮实
色泽	灰绿光润
汤色	黄绿明亮
香气	清香持久
叶底	卷曲青绿
滋味	味醇浓甘

　　得雨活茶是采用了独特的生物菌膜保鲜技术，使茶叶能长期保存而色、香、味如新，故名"活茶"。此茶是国家指定的绿色产品，被称作国宴茶。该茶是在春天来临岔树发新枝的时候，登岩采集，一芽二叶，再用小窝香柴精心烘焙制作而成。

小布岩茶

产地	江西省赣州市宁都县
外形	条索秀丽
色泽	乌润显毫
汤色	黄绿明亮
香气	浓郁温顺
叶底	嫩绿匀净
滋味	醇厚鲜爽

　　小布岩茶产于江西省赣州市宁都县小布镇岩背脑。这里林海茫茫，云雾弥漫，茶叶芽叶肥壮，持嫩性强，有效化学成分含量十分丰富，所制茶叶品质甚好。通常于 3 月上旬（惊蛰前后）开采，其主产品贡品级标准为一芽一叶初展，鲜叶经一系列工序加工而成。

庐山云雾茶

产地	江西省九江市庐山
外形	芽壮叶肥、白毫显露，紧结重实，饱满秀丽
色泽	翠绿色
香气	香高持久，极品带有兰花香
汤色	青绿带黄，清澈明亮，
滋味	醇厚而甘甜
叶底	叶嫩匀齐，绿色中微带黄

庐山云雾茶，古称"闻林茶"，因产自中国江西的庐山而得名。它是中国十大名茶之一，素来以"味醇、色秀、香馨、汤清"享有盛名。庐山云雾始于中国汉朝，在宋代就被列为"贡茶"。其特征为芽肥绿润、叶厚毫多、醇香甘润、鲜爽持久。

婺源茗眉

产地	江西省婺源县、浙江、安徽等地
外形	弯曲似眉
色泽	翠绿光润
汤色	黄绿清澈
香气	清高持久
叶底	柔嫩明亮
滋味	鲜爽甘醇

　　婺源茗眉茶，属绿茶类珍品之一，因其条索纤细如仕女之秀眉而得名，主要产于浙江、安徽、江西等地。其外形弯曲似眉，翠绿紧结，银毫披露，外形虽花色各异，但内质为清汤绿叶，香味鲜醇，浓而不苦，滋味鲜爽甘醇。

产地	江西省景德镇市浮梁县
外形	条索紧细
色泽	翠绿透亮
汤色	汤色明亮
香气	兰花高香
叶底	匀整幼嫩
滋味	鲜爽甜口

　　浮瑶仙芝主要产于江西省景德镇市浮梁县。此茶得日月精华，取山水灵气，于每年清明时节采摘，用原始烘焙手法制作而成。产品远销俄罗斯、英国、欧美等市场。浮瑶仙芝具有条索紧细、白毫显露、色泽翠绿、清香入肺、汤色明亮、滋味鲜爽的珍品风范。

狗牯脑茶

产地	江西遂川汤湖乡的狗牯脑山
外形	紧结秀丽
色泽	白毫显露
汤色	黄绿清明
香气	略有花香
叶底	黄绿匀整
滋味	醇厚清爽

狗牯脑茶，又叫狗牯脑山石山茶，创制于清代，因其产地的山形似狗，命名"狗牯脑"。该茶是江西珍贵名茶之一，四月初开始采摘，鲜叶标准为一芽一叶初展，不采摘露水叶，雨天和晴天中午均不采摘，鲜叶后续还要经过挑选工序。味道清凉可口，醇厚清爽。

靖安白茶

产地	江西省宜春市靖安县
外形	紧结挺直
色泽	晶莹明亮
汤色	嫩绿明亮
香气	鲜爽馥郁
叶底	匀整碧绿
滋味	甘味生津

　　靖安白茶，是中国地理标志产品，主要产于江西靖安县。经过长期优选优育，靖安白茶形成了独特的品质优势。其外形圆紧秀直匀整，色泽白嫩，茶香浓郁，滋味甜和；汤色嫩黄明亮，叶底成朵并还原呈玉白色，叶脉翠绿。

南岳云雾茶

产地	湖南省中部的南岳衡山
外形	条索紧细
色泽	绿润光泽
汤色	嫩绿明亮
香气	清香浓郁
叶底	清澈明亮
滋味	甘醇爽口

　　南岳云雾茶产于湖南省中部的南岳衡山，早在唐代已被列为贡品。该茶形状独特，叶尖且长，状似剑，以开水泡之，尖朝上，叶瓣斜展如旗，颜色鲜绿，香气浓郁，纯而不淡，浓而不涩，经多次泡饮后，仍然汤色清澈、回味无穷。

安化松针

产地	湖南省安化县
外形	宛如松针
色泽	翠绿显毫
汤色	清澈明亮
香气	馥郁浓厚
叶底	匀整幼嫩
滋味	甘爽甜醇

安化松针，产于湖南省安化县，是中国特种绿茶中针形绿茶的代表，因其外形挺直、细秀、翠绿，状似松树针叶而得名。此茶形质俱佳，可耐冲泡，冲泡后香气浓厚，滋味甜醇；茶汤清澈明亮。

湘波绿

产地	湖南省茶叶研究所
外形	紧结弯曲
色泽	绿翠显毫
汤色	清澈明亮
香气	高锐鲜爽
叶底	黄绿光鲜
滋味	醇厚爽口

　　湘波绿是湖南省茶叶研究所1961年创制的新名茶。其原料标准为一芽二叶初展，全部采自无性系良种。湘波绿不但茶叶很好，它的名称也十分美丽，该茶富含茶多酚、水浸出物、氨基酸、儿茶素、咖啡因等，品质甚优。

恩施玉露

产地	湖北省恩施市
外形	条索紧细
色泽	苍翠润绿
汤色	清澈明亮
香气	馥郁清鲜
叶底	嫩绿匀整
滋味	醇爽甘甜

　　恩施玉露是中国传统名茶，产于世界硒都——湖北省恩施市，是中国保留下来的为数不多的一种蒸青绿茶。1965 年，恩施玉露被评为"中国十大名茶"，2009 年被评为"湖北省第一历史名茶"。其茶不但叶底绿亮、鲜香味爽，而且外形色泽油润翠绿，毫白如玉。

采花毛尖

产地	湖北省五峰土家族自治县
外形	细秀匀直
色泽	鲜嫩翠绿
汤色	碧绿清澈
香气	清新甘醇
叶底	翠绿明亮
滋味	鲜爽回甘

　　采花毛尖是绿茶的一种，产自素有"中国名茶之乡"的湖北省五峰土家族自治县。此处群山环绕，云雾蒸腾，空气清新，雨水丰沛，出产的茶叶以味醇、汤浓、汤碧、香清及强身健体而著称。其选用优质芽叶和绿色食品精制而成，外形细直，色泽油绿，香气清醇。

西乡炒青

产地	陕西
外形	条索匀整
色泽	墨绿油润
汤色	黄绿明亮
香气	鲜爽香醇
叶底	芽叶成朵
滋味	涩中泛甜

　　西乡炒青是产自陕西的一种半烘炒绿茶,茶叶一芽一叶时即可采摘,此时茶因多酚类物质含量较高而味道浓醇,糖类芳香油使茶香持久浓郁,而氨基酸则令其口感甘爽。其成茶形条索紧结、色泽翠绿怡人、汤色黄绿明亮,有很好的天然保健功效。

午子仙毫

产地	陕西省汉中市西乡县午子山一带
外形	微扁、条直、挺秀，形似兰花，白毫显露
色泽	翠绿鲜润
香气	香气清新持久、带有板栗的香味
汤色	嫩绿明亮
滋味	先苦涩，后浓香甘醇，口中留甘
叶底	嫩绿完整

　　午子仙毫茶是国家级名优绿茶，出产于陕西省西乡县南道教圣地午子山。以一芽一二叶初展为标准，经摊放、杀青、清风、揉捻、初干做形、烘焙、拣剔等七道工序加工而成。富含天然锌、硒等微量元素，是陕西省政府外事礼品专用茶，人称"茶中皇后"。

◇看色泽。午子仙毫茶的色泽翠绿鲜润，白毫满披。新茶色泽一般都较清新悦目，或嫩绿或墨绿，鲜润活气。如果其干茶的色泽发枯发暗发褐，表明午子仙毫内部有不同程度的氧化，这种午子仙毫往往是陈茶。

◇观外形。午子仙毫的外形特点是微扁、条直、挺秀，形似兰花。午子仙毫新茶的条索明亮，大小、粗细、长短均匀。如果条索枯暗、外形不整，那么就是午子仙毫的下品了。

◇闻香气。午子仙毫的新茶一般都有新茶香，且香气清新持久。冲泡后，如闻不到茶香或者闻到一股青涩气、粗老气、焦烟气则不是好的午子仙毫。若是午子仙毫的陈茶，那么香气就要淡薄一些，有的还会有一股陈气味。

茶汤 清澈明亮

叶底 芽匀成朵

◇品茶味。午子仙毫的茶汤入口后甘鲜，浓醇爽口，入口后的味道先苦涩，后浓香甘醇，而且带有板栗的香味，在口中会留有甘味。

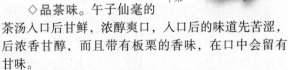

紫阳毛尖

产地	陕西省安康市紫阳县
外形	条索圆紧
色泽	翠绿显毫
汤色	嫩绿清亮
香气	嫩香持久
叶底	嫩绿明亮
滋味	鲜爽回甘

　　紫阳毛尖产于陕西汉江上游、大巴山麓的紫阳县近山峡谷地区，系历史名茶。紫阳毛尖所用的鲜叶，采自绿茶良种紫阳种和紫阳大叶泡，茶芽肥壮，茸毛特多。紫阳毛尖不仅品质优异，而且近年又发现此茶富含人体必需的微量元素——硒，具有较高的保健和药用价值。

蒸酶茶

产地	云南省
外形	条索紧直
色泽	清澈明亮
汤色	碧绿油润
香气	清香回甘
叶底	绿色明亮
滋味	甘甜滋润

蒸酶茶的主要特色是回甘好，外形微霜显露，滋味清香，而且经久耐泡。此茶选用云南大叶种优良品种经蒸汽杀青及特殊工艺精制而成，具有消暑解渴、美容、益寿、助消化、防衰老、抗辐射的功效。是茶叶中的珍品，饮后令人回味不已。

糯米香

产地	云南省西双版纳
外形	多露白毫
色泽	色泽墨绿
汤色	汤色金黄
香气	香气清雅
叶底	叶肥芽壮
滋味	滋味甘厚

　　糯米香属于绿茶，是在云南绿茶原料内加入一种野生草本物——"糯米香"的叶子精制而成。糯米香含香草醇等多种芳香成分和对人体有益的氨基酸。既可供调配香精，也可作茶叶配料，其香气清雅、滋味醇正爽口，并具有独特的糯米清香口感。

绿宝石

产地	贵州省黔中茶区的阿哈湖畔的高山上
外形	紧结圆润
色泽	绿润光亮
汤色	清澈明亮
香气	清香持久
叶底	鲜活完整
滋味	鲜醇回甘

　　绿宝石茶是绿茶中的名品，主要产于贵州省黔中茶区的阿哈湖畔的高山上。此茶因条索紧结圆润，呈颗粒状，绿润光亮，饮用后品质独特，如同宝石一样高贵，所以取名"绿宝石"，是贵州十大名茶之一。

都匀毛尖

产地	贵州省都匀市布依族苗族自治州一带
外形	条索紧细、外形卷曲似螺形，白毫满布
色泽	绿润
香气	清鲜嫩香持久
汤色	黄绿明亮
滋味	鲜爽醇厚，回味甘甜
叶底	细嫩均匀，柔软鲜活

　　都匀毛尖，又叫"白毛尖""细毛尖""鱼钩茶""雀舌茶"，是贵州三大名茶之一，跻身中国十大名茶之列。其主要产地是贵州都匀市布依族苗族自治州一带。其品质优良，形可与太湖碧螺春并提，质能同信阳毛尖媲美。后人誉为"北有仁怀茅台酒，南有都匀毛尖茶"。

◇识干茶。正宗都匀毛尖茶干茶色泽绿润、条索紧细、外形卷曲似螺形，有锋苗、白毫满布、色泽绿润，闻之茶香飘逸、鲜爽清新。

◇品茶汤。上乘都匀毛尖成品品质润秀，茶叶冲泡后，茶汤黄绿明亮，香气清鲜嫩香持久，滋味鲜爽醇厚，回味甘甜。而仿冒品往往在第一次冲泡后味道就荡然无存。

◇审叶底。都匀毛尖茶的原料是在清明前后采摘的第一叶初展的细嫩芽头，经冲泡后，叶底仍现芽叶，细嫩均匀，柔软鲜活。

◇做对比。选用当地的苔茶良种，具有发芽早、芽叶肥壮、茸毛多、持嫩性强的特性。如果大家对都匀毛尖没有什么印象的话，可以拿几种不同的茶叶做对比，都匀毛尖的外形可与太湖碧螺春并提，而质又能和信阳毛尖媲美。劣质的却显得个个都不一样，而且外形不符合上述特点。

茶汤 黄绿明亮

叶底 细嫩均匀

遵义毛峰

产地	贵州省遵义市湄潭县
外形	紧细圆直
色泽	翠绿油润
汤色	碧绿明净
香气	清香幽雅
叶底	成朵匀齐
滋味	清醇爽口

遵义毛峰茶，是绿茶类新创名茶，是为纪念著名的遵义会议于1974年而创制，其叶片紧细翠润，白毫显露，汤液清碧香醇。因炒制工艺有独到之处，自1978年外运展销以来，深受国内外人士赞赏，是宾客往来和旅游待客、馈赠礼物之佳品。

湄潭翠芽

产地	贵州省遵义市湄潭县湄江河畔
外形	扁平光滑
色泽	绿翠油润
汤色	黄绿明亮
香气	清芬悦鼻
叶底	嫩绿匀整
滋味	醇厚爽口

　　湄潭翠芽，原名湄江茶，产于湄江河畔，创制于1943年，为贵州省的扁形名茶。湄潭翠芽采自湄江良种苔茶的嫩梢，以明前茶品质最佳。冲泡后茶叶似一朵朵小花在杯中匀整飘舞，散发出一股股清香嫩爽的茶香。因能与狮峰极品龙井媲美而畅销省内外。

崂山绿茶

产地	山东省青岛市崂山
外形	紧结，均匀整齐
色泽	翠绿润亮，表露白毫
香气	清新持久，带有豌豆面的香味
汤色	绿中带黄
滋味	甘甜鲜爽，浓醇鲜嫩
叶底	芽叶完整

崂山绿茶，是一种比较特殊的绿茶品种。它以绿茶为主，同时，又兼有少量的乌龙茶、红茶和花茶。崂山绿茶是近 10 年"南茶北引"的成果。崂山绿茶主要产自我国山东省青岛市崂山，在色、香、味、韵、形各方面都品质俱佳。

◇看色泽。崂山绿茶的色泽是翠绿润亮的。若是新茶，茶叶的色泽通常会显得充满活气，清新悦目；若是茶叶变得枯暗发褐，就表明崂山绿茶内部的茶叶组织已经被破坏，这种崂山绿茶往往是陈茶或者劣质茶。

◇观外形。崂山绿茶的外形特点是条索紧结，均匀整齐。刚做好的新茶如果条索明亮，并在大小、粗细与长短等方面显得非常均匀，便是崂山绿茶中的佳品；如果条索枯暗、外形不整，则是崂山绿茶的下品了。

◇闻香气。崂山绿茶的新茶一般都有新茶香，且香气清新持久，会散发出一种天然的、独特的、豌豆面香味，山栗子面的香气，冲泡后，如闻不到茶香或者闻到一股青涩气、粗老气、焦烟气则不是好的崂山绿茶。若为陈茶，则香气单薄，有时有刺鼻的味道。

◇品茶味。崂山绿茶的茶汤入口后甘甜鲜爽，浓醇鲜嫩，入口后的味道最初会觉得有一点儿苦涩，但是片刻之后，就会感觉到浓香甘醇的味道，而且带有豌豆面的香味，香味会在口中停留多时，可以说回味无穷。

茶汤 绿中带黄

叶底 芽叶完整

日照绿茶

产地	山东省日照市
外形	条索细紧
色泽	翠绿墨绿
汤色	黄绿明亮
香气	清高馥郁
叶底	均匀明亮
滋味	味醇回甜

　　日照绿茶被誉为"中国绿茶新贵"，集汤色黄丽、栗香浓郁、回味甘醇的优点于一身。日照绿茶因地处北方，昼夜温差极大，茶叶的生长十分缓慢，但香气高、滋味浓、叶片厚、耐冲泡，素称"北方第一茶"，属绿茶中的皇者。

金山时雨

产地	安徽省宣城市绩溪县
外形	形似雨丝
色泽	翠绿油润
汤色	清澈明亮
香气	香高持久
叶底	嫩绿金黄
滋味	醇厚回甘

　　金山时雨创名于清道光年间，原名"金山茗雾"，主产于安徽省绩溪县金山一带。因形似珍眉，细若"雨丝"而得名。该茶成品条索紧细，形似雨丝，微带白毫，汁醇厚，味芳香，爽口，回味甘，汤色清澈明亮，叶底嫩绿金黄，耐冲泡。

休宁松萝

产地	安徽省休宁县松萝山
外形	紧卷匀壮
色泽	翠绿油润，柔嫩有光泽，
香气	高爽持久
汤色	绿明色
滋味	初尝有苦涩味，细品之甘甜醇和
叶底	嫩绿光润

　　休宁松萝，属绿茶类，是我国传统的历史名茶。其创于明代隆庆年间，主要产地在安徽省休宁县松萝山。松萝茶属于炒青的散茶，在2001年中国国际茶博览交易会上获国际名优茶优质奖，2002年获得安徽省科技成果奖并被黄山市评为市级名优茶。

◇看颜色。休宁松萝茶的条索紧卷匀壮，干茶的颜色翠绿油润有光泽。冲泡之后，休宁松萝茶的汤色会呈现出绿明色，而叶底也是绿嫩的。

茶汤 汤色绿明

◇闻香气。休宁松萝茶的干茶闻上去有一股淡淡的清香。冲泡之后，香气迅速四溢，而且高爽持久。这种香气会伴随整个品茶的过程。

叶底 绿嫩柔软

◇品味道。喝过休宁松萝茶的人都知道，初喝头几口稍有苦涩的感觉，但是，仔细品尝，甘甜醇和，令人心驰神怡，这是所有茶叶中极为罕见的橄榄风味。

保健功效

休宁松萝茶是中国著名的药用茶，其药理作用有兴奋、强心、利尿、收敛、杀菌消炎等。长期饮用休宁松萝茶，能治顽疮、高血压，消除精神疲劳、增强记忆力。多量煎饮对治痢疾病有显著的疗效。休宁松萝茶中的儿茶酸能促进维生素 C 的吸收，对冠心病、高血压能起到很好的疗效。

舒城兰花

产地	安徽舒城、通城、庐江、岳西一带
外形	卷曲如钩
色泽	翠绿匀润
汤色	嫩绿明净
香气	鲜爽持久
叶底	黄绿匀整
滋味	甘醇鲜香

　　舒城兰花为历史名茶，创制于明末清初，我国安徽舒城、通城、庐江、岳西一带生产兰花茶。舒城兰花外形芽叶相连似兰草，色泽翠绿，匀润显毫。冲泡后如兰花开放，枝枝直立杯中，有特有的兰花清香，俗称"热气上冒一支香"。

天柱剑毫

产地	安徽省潜山区天柱山
外形	扁平挺直
色泽	翠绿显毫
汤色	碧绿明亮
香气	清雅持久
叶底	匀整嫩鲜
滋味	鲜醇回甘

　　天柱剑毫属绿茶类，因其外形扁平如宝剑而得名。产于安徽省天柱山，茶叶因常年受云霭浸漫，为淑气所钟，不用熏焙便有自然清香。天柱剑毫以其优异的品质、独特的风格、峻峭的外表已跻身于全国名茶之列，1985年全国名茶展评会上天柱剑豪被评定为全国名茶之一。

天方富硒绿茶

产地	安徽省石台大山村
外形	叶条紧实
色泽	清澈明亮
汤色	嫩绿明亮
香气	馥郁清冽
叶底	鲜明完整
滋味	回味甘甜

　　天方富硒绿茶，被认为是一种"纯天然、富含硒的健康茶"，超过一般名优绿茶的标准。它产自位于九华山、黄山之间属于原始森林的"大山村"，也被称作"长寿村"，这是一个富含硒的地方。常饮此茶，还能够从某种程度上提高人的免疫力和增强抗癌能力。

信阳毛尖

产地	河南省信阳市信阳区和罗山县一带

外形	条索紧实，粗细一致，嫩茎圆形、叶缘有细小锯齿

色泽	浓爽而鲜活

香气	清香扑鼻

汤色	浅绿或黄绿色，明亮澄澈

滋味	鲜浓、醇香、回甘

叶底	鲜绿清亮

信阳毛尖，又称"豫毛峰"，中国名茶之一。一般分为春茶毛尖和秋茶毛尖。且素有"头茶苦，二茶涩，秋茶好喝舍不得"的说法。

◇**看外形。**将信阳毛尖茶叶平摊于白纸上，看一下干茶的色泽、嫩度、条索、粗细。如果色泽匀整、嫩度高，条索紧实，粗细一致，碎末茶少，那么就可以证明是上好的信阳毛尖茶叶。

◇**嗅香气。**用双手捧起一把信阳毛尖茶叶，放于鼻端，用力深深吸一下信阳毛尖的香气。一是看是否具有熟板栗的香气；二是辨别香气的高低；三是嗅闻香气的纯正程度。此外，在信阳毛尖茶叶经杯中冲泡后，立即倾出茶汤，将茶杯连叶底一起，送入鼻端，如果闻起来香气高、气味正、使人有心旷神怡之感的必然是优质的信阳毛尖茶了。

◇**观汤色。**在信阳毛尖茶叶冲泡 3~5 分钟后，倾出杯中茶汤于另一碗内，在嗅香气前后立即进行。如果是上乘的信阳毛尖茶叶，汤色以浅绿或黄绿为宜，并且清而不浊，明亮澄澈。

◇**品滋味。**茶汤浓醇爽口，属上等的信阳毛尖茶；如果平淡涩口，多为粗老的信阳毛尖。

茶汤 黄绿明亮

叶底 细嫩匀整

古劳茶

产地	广东省高鹤县古劳镇的丽水
外形	紧结圆直
色泽	银灰显毫
汤色	绿而明亮
香气	高纯持久
叶底	细嫩匀整
滋味	醇和回甘

　　古劳茶是广东省的历史名茶。古劳茶采自当地的古劳茶树，古劳茶树分青芽型和红芽型两种类型。青芽型称青蕊，香气清高；红芽型称红蕊，茶香低。此外，古劳银针多采用青芽型鲜叶加工而成。

桂林毛尖

产地	广西桂林尧山一带
外形	条索紧细，外形秀丽挺拔
色泽	翠绿，白毫显露，并且有毫锋
香气	清高持久
汤色	碧绿清澈
滋味	醇和鲜爽
叶底	嫩绿明亮

桂林毛尖，是绿茶类中新创制的名茶，主要产在广西桂林尧山地带。该茶滋味醇厚鲜爽，外形秀挺，白毫显露，色泽翠绿，香高持久，味醇甘爽，令人心旷神怡。1993年在泰国曼谷，桂林毛尖获得了"中国优质农产品及科技成果展览会"的金奖。

◇识干茶。桂林毛尖的干茶从外观上看，条索紧细，外形秀丽挺拔，白毫显露，并且有毫锋，色泽翠绿，闻上去有干香。

◇观茶汤。上品桂林毛尖在开水冲泡后，条索会变得松软，香气清高持久，汤色清绿，碧透清澈。

茶汤 碧绿清澈

◇品茶味。好的桂林毛尖入口之后，滋味醇和鲜爽，鲜灵回甘，嫩香持久。

◇评叶底。上品的桂林毛尖冲泡几次过后，叶底嫩绿明亮，翠绿嫩匀，丝毫没有杂质或者混浊现象出现。

叶底 翠绿嫩匀

保健功效

桂林毛尖具有抗氧化、抗突然异变、抗肿瘤、降低血液中胆固醇、抗菌等保健功效。其中特有的儿茶素类及其氧化缩合物可使茶中咖啡因的兴奋作用减缓而持续，所以，长途开车的人喝桂林毛尖茶可有效保持头脑清醒，并且不容易引起茶醉，富有耐力。

石崖茶

产地	广西昭平南部大瑶山
外形	条索紧结
色泽	津灰墨绿
汤色	碧绿清亮
香气	馥郁持久
叶底	碧绿匀整
滋味	鲜爽回甘

　　石崖茶是桂林的地方名茶，又名石岩茶、石山茶，因其生长在悬崖上而得名；旧时民间须驯猴采摘，故又称"猴摘茶""仙茶"，是古时天朝的贡品。石崖茶按绿茶的加工工艺制作而成，外形紧结、重实，具有消炎润肺、养颜等保健功效，深受消费者喜爱。

象棋云雾

产地	广西昭平县文竹与仙回乡间的象棋山
外形	紧细微曲
色泽	翠绿油润
汤色	嫩绿清澈
香气	香味馥郁
叶底	黄绿明亮
滋味	鲜爽回甘

象棋云雾是广西壮族自治区特种名茶之一，产于广西昭平县文竹与仙回乡间的象棋山。它含有多种维生素，特别是具有抗癌效果的维生素 C 的含量最高，人适量饮入在一定程度上可补充人体所需多种维生素。

125

天山绿茶

产地	福建省天山
外形	条索紧细
色泽	色泽翠绿
汤色	清澈明亮
香气	清雅持久
叶底	叶底嫩绿
滋味	浓厚回甘

　　天山绿茶为福建烘青绿茶中的极品名茶，原产于西乡天山冈下章后的中天山、铁坪坑和际头的梨坪村。尤其是里、中、外天山所产的绿茶品质更佳，称之为"正天山绿茶"。素以"三绿"著称，即色泽翠绿，汤色碧绿，叶底嫩绿。

白毛猴

产地	福建省政和县
外形	粗壮卷曲
色泽	绿中带白
汤色	清绿泛黄
香气	毫香鲜爽
叶底	嫩绿完整
滋味	醇和微甘

　　白毛猴，或称白绿，属半发酵茶，原产于福建政和县，当地又称"白猴"，因形似毛猴而得名。其制法介于红茶、绿茶之间，外形重"保毫"和"做形"，内质重萎凋适度，使成茶香清味醇。白毛猴外形条索粗壮卷曲，白毫显现，犹如毛猴静伏而得名。

白沙绿茶

产地	海南省五指山区白沙黎族自治县白沙农场
外形	紧结匀整
色泽	绿润有光
汤色	黄绿明亮
香气	清香持久
叶底	细嫩匀净
滋味	浓醇鲜爽

　　白沙绿茶为新创名茶，是海南省五指山区白沙黎族自治县境内的国营白沙农场特产，中国国家地理标志产品。白沙绿茶是选取海南和云南多种茶树嫩度、净度、新鲜度一致符合规定标准的鲜叶为原料，经过摊放、杀青、揉捻、干燥等工序制成的。

云南玉针

产地	云南
外形	挺秀光滑
色泽	显毫翠润
汤色	汤色清丽
香气	高爽持久
叶底	匀整嫩绿
滋味	鲜爽回甘

　　云南玉针，又名青针，为新创制茶，因条索纤细尖翘，形似玉针故得名玉针，又因产于云南，又叫云绿，具有色泽绿润，条索肥实，回味甘甜，饮后回味悠长的特点。因为此茶有生津解热、止渴润喉的作用，所以特别适合夏季饮用，令人感觉凉爽舒适。

第二章
乌龙茶品鉴

春芽北苑小方珪，碾畔玉尘飞。

金箸春葱击拂，花瓷雪乳珍奇。

主人情重，留连佳客，不醉无归。

邀住清风两腋，重斟上马金卮。

——宋·曹冠《朝中措·茶》

了解乌龙茶

　　乌龙茶又名青茶，是中国茶的代表。乌龙茶是一种半发酵的茶，绿叶红边，泡出来的茶汤是透明的琥珀色，既有绿茶的鲜香浓郁，又有红茶的甜醇之感。乌龙茶是经过杀青、萎凋、摇青、炒青、揉捻、半发酵、烘焙等多道工序精制而成的品质优异的茶种。

　　乌龙茶的种类非常丰富：闽北乌龙——武夷岩茶、水仙、大红袍、肉桂等；闽南乌龙——铁观音、奇兰、水仙、黄金桂等；广东乌龙——凤凰单枞、凤凰水仙、岭头单枞等；台湾乌龙——冻顶乌龙、包种等。其中以安溪铁观音、洞顶乌龙茶最为出名。

乌龙茶的保健功效

消脂减肥

乌龙茶能促进多余脂肪的燃烧，尤其是可以减少腹部脂肪的堆积，从而起到消脂减肥的功效。

减轻压力

乌龙茶能活化人体的自律神经，提升自律神经、副交感神经的活动，减轻人的压力，使人心平气和，情绪稳定。

降低血脂

乌龙茶有降低血脂，防止动脉血管粥样硬化作用。此外，饮用乌龙茶还可以降低血液的黏稠度，防止红细胞凝聚，改善血液高凝状态，加快血液流动性，促进血液微循环。

呵护肌肤

乌龙茶在饮用后，并不是单纯性地减少皮下脂肪的含量，而是调节皮下脂肪含量的平衡，防止并非多余的脂肪被减掉而导致的皮肤枯黄。此外，乌龙茶中含有活性酶SOD，对皮肤有很好的滋养作用。

安溪铁观音

产地	福建省安溪境内
外形	茶条卷曲、壮结、沉重，叶表带白霜
色泽	色鲜润，砂绿显，红点明
香气	馥郁持久
汤色	汤色金黄，浓艳清澈
叶底	叶底肥厚明亮
滋味	醇厚甘鲜

　　安溪铁观音，茶人又称红心观音、红样观音，主要产于中国福建省安溪境内。它清香雅韵，是乌龙茶中的极品，且跻身于中国十大名茶和世界十大名茶之列，以其香高韵长、醇厚甘鲜、品格超凡的特点而驰名中外。

据史料记载，安溪铁观音茶起源于清雍正年间，铁观音树品种优良，枝条披张，叶色深绿，叶质柔软肥厚，芽叶肥壮。"红芽歪尾桃"是纯种铁观音的特征之一，是

制作乌龙茶的特优品种。采用铁观音良种芽叶制成的乌龙茶也称铁观音，因此，"铁观音"既是茶树品种名称，也是茶叶的名称。清末时期的台湾著名诗人连横就曾经这样赞叹道："安溪竞说铁观音，露叶疑传紫竹林。一种清芬忘不得，参禅同证木樨心。"

保健功效

（1）铁观音中含有多酚类化合物，能防止过度氧化，清除自由基，从而达到延缓衰老的目的。

（2）铁观音中的茶多酚类化合物和维生素类可以防止动脉硬化、暑热烦渴、风热上犯、水肿尿少、消化不良、湿热腹泻等。

（3）铁观音茶叶经发酵后，咖啡因的含量增加，具有抗衰老、抗癌症、防治糖尿病、减肥健美、防治龋齿等功效。

雅 名传说

　　相传，唐末宋初的时候，有位裴姓高僧住在安溪驷马山东边圣泉岩的安常院。他自己每天做茶并将茶叶分发给当地的百姓，乡民们品尝过后，都觉得味道甘甜醇厚，人间难以寻觅，于是，就称茶为圣树。有一年，安溪大旱，请来普足大师祈雨，后来，果然应验，老天爷普降甘霖。乡亲们见普足大师法力极高，便挽留普足大师在清水岩修行。普足大师在清水岩期间，建寺修路，为当地百姓做了许多实事。后来，他听说了圣茶的药效，就不辞辛苦，步行百余里路到圣泉岩向裴姓高僧请教如何种茶和做茶，并移栽圣树。请教过后，普足大师沐浴更衣梵香，前往圣树准备采茶，发现有一只美丽的凤凰正在品茗红芽，不久又有小黄鹿来吃茶叶。他看到眼前的此番情景，非常感慨："天地造物，果真圣树。"普足大师将圣树移栽回去之后，也回寺做茶，用圣泉泡茶，他思忖：神鸟、神兽、僧人共享圣茶，天圣也。此后，天圣茶成为他为乡民治病的圣方。普足大师将自己种茶及做茶的方式传给乡民。从此，天圣茶就流传下来，天圣茶也就是我们今天所说的安溪铁观音茶。

·鉴品赏·

◇观外形。优质的安溪铁观音茶条卷曲、壮结、沉重,呈青蒂绿腹蜻蜓头状,色泽鲜润,砂绿显,红点明,叶表带白霜。

◇听声音。精品的安溪铁观音茶叶较一般质量的茶叶而言,一般条索更为紧结,叶身沉重,取少量茶叶放入茶壶,可以听到"当当"的声音,如果声音清脆,则是上好的安溪铁观音茶叶,反之,声音哑者为次。

◇察色泽。如果汤色金黄,浓艳清澈,茶叶冲泡展开后叶底肥厚明亮,具有绸面光泽,那么,这样的安溪铁观音为上品。汤色暗红的安溪铁观音质量次之。

◇闻香气。对于安溪铁观音来说,一直有"未尝甘露味,先闻圣妙香"的妙说。精品安溪铁观音茶汤香味鲜溢,启盖端杯轻闻,其独特香气即芬芳扑鼻,且馥郁持久,令人心醉神怡。有"七泡有余香"之誉。安溪铁观音独特的香气令人心怡神醉,一杯铁观音,杯盖开启立即芬芳扑鼻,满室生香。

茶汤 金黄浓艳

叶底 肥厚明亮

◇品韵味。小饮一口,舌根轻转,可感茶汤醇厚甘鲜。缓慢下咽,则韵味无穷。

武夷大红袍

产地	福建省北部的武夷山地区
外形	条索紧结，肥壮匀整，略带扭曲条形
色泽	绿褐鲜润，鲜润无白毫
香气	香气浓郁，有独特的兰花香
汤色	汤色橙黄，艳丽澄激
叶底	均匀光亮，叶肉呈黄绿色，叶脉为浅黄色
滋味	鲜醇可口、滋味醇厚

　　武夷大红袍，主要产于福建省北部的武夷山地区，具有绿茶之清香，红茶之甘醇，是中国乌龙茶中的极品。成品茶品质独特，香气浓郁，滋味醇厚，饮后回味无穷，被誉为"武夷茶王"，素有"茶中状元"之美誉。大红袍茶树为灌木型，九龙窠陡峭绝壁上仅存4株，产

量稀少，被视为稀世之珍。此茶18世纪传入欧洲后，备受当地群众的喜爱，曾有"百病之药"美誉。

据史料记载，唐代民间就已将其作为馈赠佳品。宋、元时期已被列为皇室的贡品。武夷岩茶是我国东南沿海省、地人民以及东南亚各地侨胞最爱饮用的茶叶品种，是有名的"侨销茶"。历史上也曾留下赞美武夷大红袍的诗篇："采摘金芽带露新，焙芳封裹贡枫宸，山灵解识君王重，山脉先回第一春。"

保健功效

（1）武夷大红袍中的咖啡因能兴奋中枢神经系统，松弛平滑肌，帮助人们振奋精神、消除疲劳、促进血液循环，可辅助治疗支气管哮喘、止咳化痰等。

（2）武夷大红袍含有的茶碱具有利尿作用，可治疗水肿、水滞留，利用红茶糖水的解毒、利尿作用还能治疗急性黄疸型肝炎。

（3）武夷大红袍含有的茶多酚类化合物和黄酮类物质，可以抑菌抗菌、消脂减肥、抑制癌细胞等。

雅 名传说

相传，古时候，有一位穷秀才上京赶考，路过武夷山时，病倒在路上，幸好被天心庙的老方丈看见了。老方丈泡了一碗茶给他喝，结果病就奇迹般地好了，后来秀才金榜题名，中了状元，还被招为东床驸马。一个春日，状元来到武夷山谢恩，在老方丈的陪同下，到了九龙窠，只见峭壁上长着三株高大的茶树，枝叶繁茂，吐着一簇簇嫩芽，在阳光下闪着紫红色的光泽，煞是可爱。老方丈说："去年你犯鼓胀病，就是用这种茶叶泡茶治好的。很早以前，每到春天茶树发芽的时候，村民们就鸣鼓召集群猴，穿上红衣裤，爬上绝壁采下茶叶，炒制后收藏，可以治百病。"状元听了，便请求方丈采制一盒进贡皇上。状元带了茶进京后，正遇皇后肚疼鼓胀，卧床不起。状元立即献茶让皇后服下，果然茶到病除。皇上大喜，将一件大红袍交给状元，让他代表自己去武夷山封赏。一路上礼炮轰响，火烛通明，到了九龙窠，状元命一樵夫爬上半山腰，将皇上赐的大红袍披在茶树上，以示皇恩。说也奇怪，等掀开大红袍时，三株茶树的芽叶在阳光下闪出红光，众人说这是大红袍染红的。后来，人们就把这三株茶树叫作"大红袍"了。

鉴品赏

　　武夷大红袍作为武夷岩茶之王，浑身上下自然充满了"岩韵"。"岩韵"即活、甘、清、香。这不仅是对武夷大红袍的精准评价，也可以作为人们辨别武夷大红袍的着手点。

　　◇感受要活。"活"指的是品饮武夷大红袍时特有的一种心灵感受，这种感受在"啜英咀华"时须从"舌本辨之"，并注意"厚韵""嘴底""杯底留香"等。

　　◇味道要甘。"甘"指的是武夷大红袍的茶汤鲜醇可口、滋味醇厚、回味甘夷。如果只香而不甘，那样的茶只能算得上是"苦茗"，而绝非上好的武夷大红袍。

　　◇汤色要清。"清"指的是武夷大红袍的汤色清澈艳亮，茶味清纯顺口，回甘清甜持久，茶香清纯无杂，没有任何异味。

　　◇气息要香。武夷大红袍的香包括真香、兰香、清香、纯香。表里如一，曰纯香；不生不熟，曰清香；火候停均，曰兰香；雨前神具，曰真香。这四种香绝妙地融合在一起，使得茶香清纯辛锐，幽雅文气，香高持久。

茶汤 橙黄明亮

叶底 沉重匀整

铁罗汉

产地	福建省武夷山
外形	外形壮结肥厚，均匀整齐
色泽	绿褐鲜润
香气	香久益清，浓郁清长
汤色	澄激净透
叶底	肥软，叶缘朱红，叶心淡绿带黄
滋味	醇厚

铁罗汉茶，无性系品种，是武夷传统名枞之一，主要产于我国闽北"秀甲东南"的名山武夷。铁罗汉茶在国内外拥有众多的爱好者，近年来也远销东南亚、欧美等国。

武夷铁罗汉具有绿铁罗汉之清香，红铁罗汉之甘醇，是铁罗汉中之极品。成品铁罗汉茶香气浓郁，滋味醇厚，有明显岩韵特征，品饮之后香气常留唇齿之间，经久不退，即使冲泡多次，仍然存有铁罗汉的桂花香味。

保健功效

（1）铁罗汉茶中含有的茶多酚进入人体后能与致癌物结合，令致癌物分解，降低其致癌活性，从而抑制致癌细胞的生长，同时，铁罗汉中的儿茶素类物质和脂多糖物质可减轻辐射对人体的危害，对造血功能有显著的保护作用。

（2）铁罗汉茶可以防治由于吸烟引发的白内障，它含有比一般蔬菜和水果都高得多的胡萝卜素，胡萝卜素不仅有防止白内障、保护眼睛的作用，还能够防癌抗癌。

（3）有助于延缓衰老：铁罗汉含有的茶多酚具有很强的抗氧化性和生理活性，是人体自由基的清除剂，能阻断脂质过氧化反应，清除活性酶。

（4）有助于抑制心血管疾病：铁罗汉多酚，能使斑状增生受到抑制，使形成血凝黏度增强的纤维蛋白原降低，凝血变清，从而抑制动脉粥样硬化。

雅 名传说

　　传说，王母娘娘在中秋之夜设宴款待五百罗汉，散席时，五百罗汉大都成了醉神仙。五百罗汉边走边散，有的回到自己的驻地休息，有的却仙游来到武夷山，途经武夷山的上空时，那个管理铁的罗汉，神魂颠倒地竟将手中铁罗汉枝弄断，等脑子清醒之后，懊悔不已，想接又接不上，想丢又违反天条，一时没了主意。几个罗汉好奇，便凑过来问："何事这般神态？"管铁的罗汉将折断的铁罗汉枝让众仙人看，诉说："宴中贪杯，醉中将此铁罗汉枝折断，今后我还怎么管铁？"众罗汉听后曰："莫恼！莫恼！快求王母娘娘说个话，佛祖哪会不买账？"说完拉起管铁罗汉就走。由于走得太急，无意中将断枝碰落凡尘，直掉进武夷山的慧苑坑里，结果被一位老农捡了去，后来栽在了坑里。第二年，这断枝发芽长了叶，管铁罗汉就赶紧托梦给老农，嘱咐今后如何管理、采摘和制作，还一面叫他"切莫毁掉此铁罗汉，日后子孙必得益"，等等。老农梦后告知众山人，山人因此称老农所栽之树为"铁罗汉"。从此，一传十，十传百，"罗汉折铁罗汉栽活"的传说便流传开来。

◇看干茶的品质。成品的铁罗汉茶外形壮结，均匀整齐，色泽绿褐鲜润。而且，铁罗汉干茶的最大特点是，性和而不寒，久藏不坏。

◇闻冲泡后的香气。冲泡后的铁罗汉，香久益清，浓郁清长，有铁罗汉独特香气；味久益醇，具有爽口回甘的特征。铁罗汉的香气是冷调的花香，香气明显而又集中，末了还有点儿果味。

◇观冲泡后的内质。冲泡后的铁罗汉，汤色浓艳，呈蜜糖色，清澈艳丽，从白瓷盖碗倾入玻璃杯，汤色澄澈净透，对光看去，纤毫伏地，有如苏绣丝线的痕迹。入口后，滋味浓醇清活、细腻、协调、丰富、浓饮而不苦涩，回味悠长，空杯留香，长而持久，徐徐生津，细加品味，似嚼嚼有物，饮后神清气爽。而铁罗汉的叶底则肥软，叶缘朱红，叶心淡绿带黄；泡饮时常用小壶小杯，因其香味浓郁，冲泡五六次后余韵犹存。

茶汤 深橙黄色

叶底 软亮匀齐

水金龟

产地	福建省武夷山
外形	条索肥壮，自然松散，油润光亮
色泽	绿褐色，墨绿带润
香气	香气高扬，悠长清远，似梅花的芳香
汤色	橙黄清澈
叶底	叶底软亮，肥厚匀齐，红边带朱砂色
滋味	甘美醇厚，润滑爽口

　　水金龟，因茶树枝条交错，形似龟背上的花纹，茶叶浓密且闪光，模样宛如金色龟而得此名。它是武夷岩茶"四大名枞"之一，产于武夷山区牛栏坑杜葛寨峰下的半崖上。

　　它既有铁观音之甘醇，又有绿茶之清香，是茶中珍品。

雅 名传说

武夷山历来产名茶，有祭茶的习俗。一年，御茶园里热闹的祭茶活动惊动了天庭仙茶园里专门为茶树浇水的金龟。被人间祭茶的盛况所吸引，金龟决定从天庭返回人间作一株受人敬奉的茶树。于是选好九曲溪畔至山北牛栏坑一带的上佳之地，施法运功，口吐神水，武夷山顿时暴雨淋漓，雨水顺着峰崖沟壑，带着泥沙碎石，向山下奔去。金龟顺势变成一棵茶树，顺着暴雨落到了武夷山北。

第二天一早，出来巡山的磊石寺和尚发现牛栏坑杜葛赛兰谷岩的半崖上，有一个绿蓬蓬、亮晶晶的东西正顺着雨水冲刷出的山沟泥路慢慢地向下爬，爬到半岩石凹处就斜着身子不动了。远远望去，像一个爬累了的大金龟趴在坑边喝水。和尚走近一看，原来是一棵从山上流下来的茶树，枝干、叶子厚实，油光发亮，张开的枝条错落有致，像一条条的龟纹。凭着多年的经验，和尚知道这一定是名贵的好茶树，赶紧回寺院里报喜，闻信而来的和尚们众星捧月般围着茶树祷告、参拜，精心采制成就一方名茶。

◇看外形。从茶叶的外形上来看，水金龟以条索肥硕，弯曲均匀，自然松散，色泽墨绿，油润光亮为优品；很多茶叶以条索紧结为好，但是条索紧结的水金龟却不是质量很好的上品，还是以自然松散为好。

茶汤
汤色金黄

叶底
软亮匀整

◇鉴叶底。从叶底看，水金龟叶底柔软光泽，肥厚均匀，整齐红边带有朱砂色，称之为绿叶红镶边。

◇查汤色。从冲泡之后的汤色来看，水金龟茶汤色泽金黄，润泽澄澈，有淡雅的花果香，清细幽远。

◇品滋味。水金龟冲泡后的滋味醇和甘甜，润滑爽口，岩韵显露，浓饮且不见苦涩。

特别提示

水金龟新茶的贮藏都要有一个"再干燥"的过程，可先将整袋茶叶在生石灰缸内放置 48 小时以驱净潮气，确保茶叶干燥，家庭贮存通常可用陶瓷坛或者双层的金属罐，也可用充氮气和冰箱冷藏的方式，它的存储环境宜为避光、防潮、低温。

产地	福建省武夷山
外形	匀整卷曲
色泽	乌润褐禄
汤色	橙黄清澈
香气	桂皮香味
叶底	匀亮齐整
滋味	醇厚回甘

　　武夷肉桂，又名玉桂，属乌龙茶类，产于福建省武夷山。由于品质优异，性状稳定，是乌龙茶中的一枝奇葩。武夷肉桂除了具有岩茶的滋味特色外，更以其香气辛锐持久的高品种香备受人们的喜爱。肉桂的桂皮香明显，香气久泡犹存。

黄金桂

产地	福建省安溪县
外形	细长匀称，尖梭且较松，白毫较少
色泽	黄绿具光泽，色泽油润
香气	有桂花一样的奇香
汤色	金黄透明
滋味	滋味醇细，有回甘
叶底	中央黄绿，边沿朱红，柔软明亮

　　黄金桂，又称黄旦，是用黄旦品种茶树的嫩梢制成的乌龙茶。因其汤色呈金黄色，又有桂花一般的奇香，由此得名黄金桂。黄金桂在清咸丰年间，原产于安溪罗岩，现在的主要产地在安溪虎邱美庄村，是乌龙茶中风格独特的又一极品。

雅 名传说

相传清咸丰十年安溪县罗岩灶坑，有位青年名叫林梓琴，娶西坪珠洋村一位名叫王淡的女子为妻。新婚后一个月，新娘子回到娘家，当地风俗称为"对月"。"对月"后返回夫家时，娘家要有一件"带青（即植物绿苗）"礼物让新娘子带回栽种，以祝愿她像青苗一样"落地生根"，早日生儿育女，繁衍子孙。王淡临走时，母亲心想：女儿在娘家本是个心灵手巧的采茶女，嫁到夫家后无茶可采，不如让她带回几株茶苗种植。于是便到屋角选上两株又绿又壮的茶苗，连土带根挖起，细心包扎好，系上红丝线，让女儿作为"带青"礼物带回夫家。 王淡回家后将茶苗种在屋子前面的空地上。夫妻两人每日悉心照料，两年后长得枝叶茂盛。奇怪的是，茶树清明时节刚过就芽叶长成，比当地其他茶树大约早一个季节。炒制时，房间里弥漫着阵阵清香。制好之后冲泡开来，茶水颜色淡黄，奇香扑鼻；入口一品，奇香似桂花，甘鲜醇厚，舌底生津，余韵无穷。梓琴夫妻发现这茶奇特，就大量繁衍栽培，邻居也争相移植。黄金桂的茶树就这样在村子里繁衍开来。因为这茶是王淡传来的，而茶汤又是金黄色的，闽南话"王"与"黄"，"淡"与"旦"语音相近，就把这些茶称为"黄旦茶"。这个就是后来的黄金桂茶。

·鉴 品 赏·

◇看外形。从外形上看。黄金桂茶叶的条索细长匀称，尖梭且较松，体态较飘，不沉重，叶梗细小，叶片很薄，叶片未采摘时颜色就已经偏黄。其色泽润亮，呈黄楠色、翠黄色或黄绿色，有光泽。所以有"黄、薄、细"之称。

◇赏茶汤。黄金桂茶叶的汤色金黄明亮或浅黄明澈。

◇闻香气。黄金桂茶叶冲泡后，香气幽雅鲜爽，芬芳优雅，常带有奇特的桂花香、水蜜桃香或者梨香。

茶汤 金黄明亮

叶底 柔软明亮

◇品滋味。黄金桂茶滋味醇细，有回甘，适口提神，素有"香、奇、鲜"之说。

◇鉴叶底。从叶底上看，黄金桂茶叶的叶底中央黄绿，边沿朱红，柔软明亮。叶片先端稍突，呈狭长形，主脉浮现，叶片较薄，叶缘锯齿较浅。

特别提示

由于乌龙茶黄金桂包含某些特别的芳香物质需要在高温的条件下才能完全挥发出来，所以一定要用沸水来冲泡。

本山茶

产地	福建安溪
外形	条索紧结
色泽	油润砂绿
汤色	金黄明亮
香气	香气高长
叶底	肥壮匀整
滋味	醇厚鲜爽

　　本山茶原产于安溪西尧阳，制乌龙茶品质优良，质量好的与铁观音相近似，制红茶、绿茶品质中等。本山茶系安溪四大名茶之一。该茶香气高长，茶汤金黄明亮，入口后，滋味醇厚鲜爽，是公认的铁观音的替代品。

白鸡冠

产地	福建省武夷山
外形	条索紧结
色泽	米黄带白
汤色	橙黄明亮
香气	清鲜浓长，有百合花的香味
叶底	沉重匀整
滋味	醇厚甘鲜

  白鸡冠是武夷山四大名枞之一。生长在慧苑岩火焰峰下外鬼洞和武夷山公祠后山的茶树，叶色淡绿，绿中带白，芽儿弯弯又毛茸茸的，形态就像白锦鸡头上的鸡冠，故名白鸡冠。

  相传明代已有白鸡冠名，主要分布在武夷山内山

（岩山）。20世纪80年代以来，武夷山市已扩大栽培，国内一些科研、教学单位有引种。白鸡冠的成茶外形紧结，色泽墨绿带黄，香气细长有特别悠长之感；滋味醇厚较甘爽，汤色橙黄明亮，叶底黄亮，红点点泛现。白鸡冠多次冲泡仍有余香，适合制武夷岩茶（乌龙茶），适宜在武夷

茶汤 橙黄明亮

叶底 沉重匀整

乌龙茶区种植，用该鲜叶制成的乌龙茶，是武夷岩茶中的精品。

保健功效

（1）有助于抑制和抵抗病毒菌：茶多酚有较强的收敛作用，对病原菌、病毒有明显的抑制和杀灭作用，对消炎止泻有明显效果。

（2）消除危害美容与健康的活性氧：白鸡冠对皮肤具有一定的保健作用。

（3）行气通脉：白鸡冠能发汗解表；茶叶中含咖啡因还能刺激肾脏，促使尿液加速排出体外，提高肾脏的滤出率，减少有害物质的滞留时间，十分适合心血管病人饮用。

武夷水仙

产地	福建省武夷山
外形	紧结沉重
色泽	乌褐油润
汤色	清澈橙黄
香气	清香浓郁
叶底	厚软黄亮
滋味	醇厚回甘

　　武夷水仙，又称闽北水仙，是以闽北乌龙茶采制技术制成的条形乌龙茶，也是闽北乌龙茶中两个品种之一。成茶条索紧结沉重，叶端扭曲，色泽油润暗沙绿，香气浓郁，具兰花清香，滋味醇厚回甘，汤色清澈橙黄，叶底厚软黄亮，叶缘朱砂红边或红点。

永春佛手

产地	福建省永春县
外形	紧结肥壮
色泽	砂绿乌润
汤色	橙黄清澈
香气	浓锐悠长
叶底	匀整红亮
滋味	甘厚芳醇

　　永春佛手又名香橼、雪梨，是乌龙茶类中风味独特的名贵品种之一。产于闽南著名侨乡永春县。佛手茶树品种有红芽佛手与绿芽佛手两种（以春芽颜色区分），以红芽为佳。2007年永春佛手茶荣获"中国申奥第一茶"的称号，并作为国礼之一赠予外宾。

漳平水仙

产地	福建省漳平市九鹏溪地区
外形	紧结卷曲
色泽	乌绿带黄
汤色	橙黄清澈
香气	清高细长
叶底	肥厚软亮
滋味	清醇爽口

　　漳平水仙，又称"纸包茶"，是乌龙茶类中唯一的紧压茶，品质珍奇，极具传统风味。漳平水仙是选取水仙品种茶树的一芽二叶或一芽三叶嫩梢、嫩叶为原料，经一系列工序制作而成，再用木模压造成方饼形状，具有经久藏、耐冲泡，久饮多饮不伤胃的特点。

老枞水仙

产地	福建省武夷山
外形	紧结沉重
色泽	滑润砂绿
汤色	清澈橙黄
香气	浓郁悠长
叶底	厚软黄亮
滋味	醇厚回甘

　　老枞水仙是武夷岩茶中之望族，四大名丛之一，与大红袍、肉桂均是闽北乌龙茶的代表。老枞水仙茶叶叶质绵软，养生成分丰富，汤味极浓醇且厚重，汤水顺滑又兼具有陈年茶之味，是水仙茶中的极品，为武夷岩茶传统的珍品。

凤凰水仙

产地	广东省潮安区凤凰山区
外形	条索紧结，挺直肥大，油润有光
色泽	黄褐鳝鱼皮色，表面有朱砂点
香气	浓郁醇厚
汤色	橙黄色，清澈明亮
叶底	均匀整齐，肥厚柔软，边缘呈朱红色
滋味	浓醇甘甜，鲜爽滑润

　　凤凰水仙，主要产于广东省潮安县凤凰山区，在广东潮安、饶平、丰顺、蕉岭、平远等县也有分布。它分单枞、浪菜、水仙三个级别。其中凤凰单枞最具特色，素有"形美，色翠，香郁，味甘"的美誉，主要销往广东、港澳地区，也远销日本、东南亚、美国等地。

凤凰水仙茶既可以用来制成乌龙茶，又可以制成白茶和红茶，它的选料是水仙茶树鲜叶，采摘标准为驻芽后第一叶开展到中开面时最为适宜，经晒青、晾青、炒青、揉捻、烘焙等复杂工艺制作而成。凤凰水仙有天然花香，耐冲泡，且素有"一泡闻其香；二泡尝其味；三泡饮其汤"的说法。

保健功效

(1)凤凰水仙茶抗寒性强，可温胃养胃，提高机体抵抗力，调节机体新陈代谢，综合提升身体素质。

(2)凤凰水仙中含有大量的茶多酚，可以提高脂肪分解酶的作用，降低血液中的胆固醇含量，有降血压、血脂，防止血稠度升高，预防心血管疾病，抗氧化、防衰老及防癌等作用。

(3)抑制和抵抗病毒菌：茶多酚有较强的收敛作用，对病原菌、病毒有明显的抑制和杀灭作用，对消炎止泻有明显效果。

(4)美容护肤：凤凰水仙多酚是水溶性物质，用它洗脸能清除面部的油腻，收敛毛孔，具有消毒、灭菌、抗皮肤老化，减少日光中的紫外线辐射对皮肤的损伤等功效。

雅 名传说

传说，宋朝时，皇帝宋帝炳南下潮汕。有一天，烈日高照，天气炎热，他们一大队人马来到广东潮安的凤凰山上。这里方圆十里无人烟，古木参天，而且道路崎岖，因而抬轿和骑马都很不方便。于是，宋帝炳只好步行上山。走了一阵，就浑身大汗淋淋，口也渴了起来，宋帝炳便命令侍从去找水源，用泉水解渴。可是，手下的侍从们找遍了山沟，也没有找到水源。此时，宋帝炳已干得口冒青烟，没有办法，只好派人去找树叶解渴。这时，一个侍从发现一株高大的树上长着嫩黄色的芽尖。他爬上树摘下一颗芽尖丢进嘴里嚼了起来，先苦而后甜，嚼着嚼着，口水也流出来了，喉不干，舌不燥，他连忙采下一大把，送到皇帝面前，并将刚才品尝到的感觉禀告皇上。宋帝炳已干得无法可想，连忙抓了几颗芽尖嚼起来。开头有些苦味，慢慢地又有了一种清凉的甜味，不一会儿，口水也出来了，心情爽快多了。宋帝炳高兴之下，当即传旨，叫民间广植这种树木。原来这是一种茶树，长得枝高叶茂，一棵树能制干茶 10 千克。这种树因为是宋帝炳下旨种植的，所以被后人称为"宋茶"。由于产在凤凰山，茶叶就被称为"凤凰水仙茶"。

◇看外形。凤凰水仙的外形美观，茶条挺直肥大，且条索紧结。其干茶会有一种独特的天然花香，且香味持久。

◇观颜色。上好的凤凰水仙色泽呈黄褐鳝鱼皮色，而且油润有光，从表面看，泛朱砂点，又隐镶红边。而劣质的凤凰水仙，则大多只是空有油亮的外表。

◇鉴内质。凤凰水仙的茶汤应该是橙黄清澈明亮的，茶碗的内壁显露出金色彩圈，味道醇、爽口回甘，浓郁醇厚。

茶汤 橙黄清澈

叶底 肥厚柔软

叶底则均匀整齐，肥厚柔软，边缘呈朱红色，叶腹黄亮，青叶镶红边。而且，凤凰水仙的茶叶比较耐冲泡，如果泡了两三次就淡而无味，则说明是假冒的凤凰水仙茶。

特别提示

凤凰水仙的茶叶大多以新鲜为上品，新茶是最能体现该茶的韵味的。而有的茶叶品种，如云南普洱等，则是久贮隔年反而更芳香馥郁，滋味也益显醇厚。因此，选购前一定要对茶叶的性质有较充分的了解。

鳳凰单丛

产地	广东省潮州市凤凰镇乌岽山茶区
外形	条索紧细
色泽	乌润油亮
汤色	橙黄明亮
香气	香高持久，有栀子花香
叶底	匀亮齐整
滋味	醇厚鲜爽

　　凤凰单丛，属乌龙茶类，产于广东省潮州市凤凰镇乌岽山茶区。该茶冲泡后，茶汤橙黄明亮，叶底完整，有明显的红边，其滋味浓厚甘爽，有栀子花香。1982年起，凤凰茶多次被评为全国名茶。

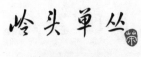

产地	广东省潮州市饶平县
外形	紧结壮硕
色泽	黄褐油润
汤色	橙黄明亮
香气	清香蜜韵
叶底	绿腹红边
滋味	浓醇干爽

　　岭头单丛，又称"白叶单丛"，创制于 1961 年，是选取鲜叶经过晒青、做青、杀青、揉捻、烘干等工序制成。该茶外形条索紧结壮硕，滋味浓醇干爽，回甘力强，有独特的微花浓密香味，具有耐冲泡、贮藏的特点。常饮之，有提神醒脑、提高注意力的作用。

冻顶乌龙

产地	台湾凤凰山支脉冻顶山一带
外形	紧结卷曲
色泽	墨绿油润
汤色	黄绿明亮
香气	持久高远
叶底	肥厚匀整
滋味	甘醇浓厚

冻顶乌龙茶俗称冻顶茶，在台湾知名度极高，被誉为"茶中圣品"。它是台湾包种茶的一种。洞顶乌龙茶原产地在台湾南投县的鹿谷乡，主要是以青心乌龙为原料制成的半发酵茶。

◇看外形。茶叶成半球状，色泽墨绿，边缘隐隐金黄色。茶叶展开，外观有青蛙皮般灰白点，叶间卷曲成虾球状，叶片中间淡绿色。

◇闻香气。干茶有强劲的芳香，冲泡后有花香略带焦糖香。

茶汤 黄绿明亮

◇观冲泡。用100℃的开水冲泡，加盖冲泡 1 ~ 3 分钟。冲泡时茶叶自然冲顶壶盖。冲泡后，茶汤金黄，偏琥珀色，叶底边缘镶红边，称为"绿叶红镶边"或"青蒂、绿腹、红镶边"。

叶底肥厚匀整

◇品滋味。入口后，滋味醇厚甘润，喉韵回甘十足，带明显焙火韵味，饮后唇齿带有花香或成熟果香。

特别提示

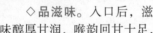

冻顶乌龙茶，用山泉水泡最好，因经由山林下面砂岩层过滤出来的泉水，所含矿物质和氯化物很少，此种软水泡茶，清澈甘醇。

高山乌龙茶

产地	中国台湾南投县、嘉义县等地
嫩度	芽嫩翠绿
外形	条索壮美，成球状或半球状
色泽	翠绿
香气	清香持久，伴有青甜味或青果味
汤色	清澈，橙黄中略泛青色
滋味	回甘明显，清香持久，有滑润感
叶底	柔软肥厚，色泽黄中带绿

　　高山乌龙，又称软枝乌龙、金萱茶，是一种介于绿茶和红茶之间的半发酵茶，是世界有名的茶叶，也是我国台湾最具代表性的名茶。

◇看干茶。高山乌龙茶的干茶从外形上看，条索壮美，有一芽二叶，色泽翠绿，茶条的形状有的呈半球状，也有的呈球状。如果外形松散，茶条萧索，则说明不是上好的高山乌龙茶。

◇观汤色。上好的高山乌龙茶一经开水冲泡后，汤色清澈，而且橙黄中略泛青色。如果茶汤只是单纯的清澈，并没有青色的迹象，则要怀疑该高山乌龙的质量了。

◇品味道。质量上乘的高山乌龙茶入口之后，会有滑润的感觉，并且伴有青甜味或青果味，片刻后隐现出高山气息，回甘明显，清香持久。而劣质的高山乌龙茶入口之后会有青涩感，没有回味的余地。

◇鉴叶底。高山乌龙茶的真品，其叶底在冲泡多次之后，叶芽柔软肥厚，色泽黄中带绿，叶片边缘整齐。如果叶底破损不完整，而且伴有混浊现象出现的话，则大多说明是质量较次的高山乌龙茶了。

茶汤 橙黄泛青

叶底 柔软肥厚

福寿凌云

产地	台湾大庾岭茶区
外形	均整紧实
色泽	油润鲜明
汤色	汤色金黄
香气	呈花果香
叶底	叶底匀整
滋味	醇香甘味

　　福寿凌云茶产于台湾的台中地区，所处地理环境优越，既有山川之秀，也有含有机物质丰富的自然土壤滋润。由于地处高海拔地区，山间终年有云雾滋养，福寿凌云茶色泽明亮油润，略带些许特殊的花香气息，属于台湾高山高级乌龙茶中的一种，产量虽少质地极佳。

阿里山乌龙

产地	台湾阿里山
外形	条索紧结，呈半球形且颗粒大
色泽	嫩绿油亮
汤色	碧绿带金黄
香气	清新典雅
叶底	肥厚匀整，淡褐有红边
滋味	清爽怡人，有明显的高山气

　　阿里山乌龙茶是台湾高山茶代表。因为阿里山高山气候寒冷，早晚云雾笼罩，平均日照短，使得茶树芽叶苦涩成分降低，进而提高了茶叶的甘味。同时也因日夜温差大，茶树生长缓慢，茶叶芽叶柔软，叶肉厚实，果胶质含量高等，这些都是阿里山乌龙茶的特性。

台湾大庾岭茶

产地	台湾花莲县秀林乡大庾岭
外形	条索紧结，呈半球状，颗粒大
色泽	墨绿油亮
汤色	碧绿金黄
香气	香气清雅
叶底	肥厚匀整
滋味	回甘甜润

　　大庾岭茶是台湾茶中最高等级的茶品，是台湾高山茶的代表之一。大庾岭茶区处于海拔2500～2600米，昼夜温差极大，土壤有机含量高，终年云雾笼罩，冬天冰雪覆盖，茶树成长不易，一年只能采收两次——5月底、9月底各一次。气重、喉韵强是该茶的特色所在。

木栅铁观音

产地	台湾北部
外形	条索圆结
色泽	嫩绿油亮
汤色	金黄橙色
香气	浓厚清长
叶底	心绿边红
滋味	回甘留香

　　木栅铁观音，属半发酵的青茶，是乌龙茶类中的极品。系清光绪年间从福建安溪引进纯种铁观音茶种，种植于台湾北部的南里。此茶以铁观音茶种，配合长时间炭火烘焙，让茶中芳香物质转化，火香与茶香结合，形成一种独特的"观音韵"。

台湾人参乌龙

产地	台湾
外形	均匀圆润
色泽	光润鲜绿
汤色	橙黄明亮
香气	兰香清幽
叶底	嫩绿微红
滋味	醇厚甘润

　　台湾人参乌龙，又叫"兰贵人"，是工夫茶中的一种，香气清淡甘香，口味十分独特，饮用后让人舌底生津。台湾人参乌龙是由乌龙茶与西洋参加工制造而成，所以既具备了乌龙茶的醇厚甘甜，又有西洋参的滋润和补性，是不可多得的珍贵药茶。

文山包种茶

产地	台湾省台北市文山地区
外形	紧结卷曲
色泽	金黄明亮
汤色	清澈明亮
香气	清新持久
叶底	红褐油亮
滋味	甘醇鲜爽

　　文山包种茶，又称"清茶"，是由台湾乌龙茶种轻度半发酵的清香型绿色乌龙茶，素有"露凝香""雾凝春"的美誉，并以"香、浓、醇、韵、美"五大特色而闻名于世。该茶的典型特征是：香气幽雅清香，且带有明显的花香；滋味甘醇鲜爽；茶汤橙红明亮。

第三章
红茶品鉴

活水还须活火烹，自临钓石取深清。
大瓢贮月归春瓮，小杓分江入夜瓶。
雪乳已翻煎处脚，松风忽作泻时声。
枯肠未易禁三碗，坐听荒城长短更。
——宋·苏轼《汲江煎茶》

了解红茶

艳如琥珀的红茶，属于全发酵茶。在国际茶叶市场上，红茶的贸易量占世界茶叶总贸易量的90%以上。红茶的制作过程不经过杀青，而是直接萎凋、揉切，然后进行完整发酵，使茶叶中所含的茶多酚氧化成为茶红素、茶黄素等氧化产物，因而形成红茶所特有的共同品质：红叶、红汤。中医认为红茶性温，对于肠胃较弱的人，在选择茶叶时可以选用红茶，尤其是小叶种红茶。小叶种红茶香甜甘醇，无刺激性，而大叶种红茶，茶味香浓，有轻微的刺激性，但是在茶汤中加入牛奶和红糖，便可以消除大叶种红茶的刺激性，起到暖胃和增强体能的作用。

红茶的保健功效

养胃护胃

红茶是经过发酵烘制而成的，所含的茶多酚较少，红茶性温，对胃有一定的保护作用。在红茶中加入少许糖、牛奶等，还能起到保护胃黏膜，治疗胃溃疡的功效。

生津清热

红茶能止渴消暑，红茶中所含的多酚类、糖类、氨基酸、果胶等，通过与唾液发生化学反应，刺激唾液分泌，从而使口腔滋润，起到消暑止渴的作用。

消炎杀菌

红茶中的多酚类化合物具有消炎的效果，而儿茶素类物质通过与单细胞的细菌结合，使蛋白质凝固沉淀，来抑制和消灭病原菌。

分解毒素

红茶中所含的茶多碱能吸附重金属和生物碱，并能使沉淀物分解。经常饮用红茶可以减少饮用水和食物中所含的有害物质对人体造成的伤害，保护人们的健康。

九曲红梅

产地	浙江省杭州市西湖区周浦乡
外形	弯曲如钩
色泽	乌黑油润
汤色	红艳明亮
香气	香气芬馥
叶底	红艳成朵
滋味	浓郁回甘

九曲红梅，简称"九曲红"，又称"九曲乌龙"，为红茶中的珍品。它的主要产地是浙江省杭州市西湖区周浦乡的湖埠、上堡、大岭、张余、冯家、灵山、社井、仁桥、上阳、下阳一带，其中，湖埠大坞山所产的九曲红梅品质最佳。

◇**看外形**。从外形看，上好的九曲红梅应该是条索紧细、曲如鱼钩、锋苗显露、色泽乌润、镶黄金条、均匀整齐、金毫较多。

◇**闻香气**。品质好的九曲红梅香气浓郁，似蜜糖香，又蕴藏兰花香。

◇**品滋味**。冲泡后，茶汤滋味鲜爽可口，喉口回甘，韵味悠久。

◇**察汤色**。冲泡后九曲红梅的汤色红艳明亮，犹如红梅，边缘带有金黄圈。

◇**赏叶底**。九曲红梅冲泡后叶底红艳成朵，柔软红亮。

茶汤
红艳明亮

叶底
红艳成朵

特别提示

（1）结石病人和肿瘤患者一般不允许饮九曲红梅。

（2）正在服药的人不宜喝，九曲红梅红茶会破坏药效。

（3）哺乳期女性不适宜饮九曲红梅，因为红茶中的鞣酸影响乳腺的血液循环，会抑制乳汁的分泌，影响哺乳质量。

越红工夫

产地	浙江绍兴
外形	紧细挺直
色泽	乌黑油润
汤色	汤色红亮
香气	香味纯正，有淡香草味
叶底	叶底稍暗
滋味	醇和浓爽

越红工夫系浙江省出产的工夫红茶，以条索紧结挺直，重实匀齐，锋苗显，净度高的优美外形著称。越红毫色呈银白或灰白。浦江一带所产红茶，茶索紧结壮实，香气较高，滋味亦较浓，镇海红茶较细嫩。总的来说，越红条索虽美观，但叶张较薄，香味较次。

宜兴红茶

产地	江苏省宜兴市
外形	紧结秀丽
色泽	乌润显毫
汤色	红艳鲜亮
香气	清鲜纯正
叶底	鲜嫩红匀
滋味	鲜爽醇甜

　　宜兴红茶，又称阳羡红茶，又因其兴盛于江南一带，故享有"国山茶"的美誉。在品种上，人们了解较多的一般都是祁红以及滇红，再细分则有宜昌的宜红和小种红茶。在制作上则有手工茶和机制茶之分。

苏红工夫

产地	江苏宜兴
外形	条索紧细
色泽	乌润光泽
汤色	淡红明亮
香气	鲜甜果香
叶底	厚软红亮
滋味	深厚甘醇

　　苏红工夫属红茶，因此也被称为"宜兴红茶"或"阳羡红茶"。宜兴产茶历史悠久，古代宜兴被称为"阳羡"，作为贡茶，陆羽首推给唐朝宫廷的就是"阳羡茶"。苏红以楮叶和鸠坑两种茶树品种的鲜叶为原料，只加工成红条茶。

宁红工夫

产地	江西修水县
外形	紧结秀丽，金毫显露，锋苗挺拔
色泽	乌黑油润
汤色	红艳清亮
香气	香味持久
叶底	红亮匀整
滋味	浓醇甜和

宁红工夫茶，属于红茶类，是我国最早的工夫红茶之一。远在唐代时，修水县就已盛产茶叶，生产红茶则始于清朝道光年间，到 19 世纪中叶，宁红工夫红茶已成为当时著名的红茶之一。1914 年，宁红工夫茶参加上海赛会，荣获"茶誉中华，价甲天下"的大匾。

祁门工夫

产地	安徽省祁门县
外形	条索紧细
色泽	乌黑油润
汤色	红艳透明
香气	清香持久
叶底	鲜红明亮
滋味	醇厚回甘

　　祁门工夫是中国传统工夫红茶的珍品，主产于安徽省祁门县，与其毗邻的石台、东至、黟县及贵池县也有少量生产。该茶以外形苗秀，色有"宝光"和香气浓郁而著称，享有盛誉。与印度的大吉岭红茶、斯里兰卡的乌瓦红茶并称"世界三大高香茶"。

宜红工夫

产地	湖北省宜昌市、恩施市
外形	紧细有毫
色泽	色泽乌润
汤色	红艳明亮
香气	栗香悠远
叶底	红亮匀整
滋味	滋味鲜醇

　　宜红工夫茶，属于红茶类，产于鄂西山区的鹤峰、长阳、恩施、宜昌等县，是湖北省宜昌、恩施两地区的主要土特产品之一。问世于 19 世纪中叶，至今已有百余年历史，早在茶圣陆羽的《茶经》之中便有相关的记载。因其加工颇费功夫，故又称"宜红工夫茶"。

湖红工夫

产地	湖南省益阳市安化县
外形	条索紧结
色泽	色泽乌润
汤色	红浓尚亮
香气	香高持久
叶底	嫩匀红亮
滋味	醇厚爽口

　　湖红工夫茶是中国历史悠久的工夫红茶之一，对中国工夫茶的发展起到十分重要的作用。湖红工夫茶主产于湖南省安化、桃源、涟源、邵阳、平江、浏阳、长沙等县市，湖红工夫以安化工夫为代表，外形条索紧结尚肥实，香气高，滋味醇厚，汤色浓，叶底红稍暗。

正山小种

产地	福建省武夷山市
外形	紧结匀整
色泽	铁青带褐
汤色	红艳透亮
香气	细而含蓄
叶底	肥软红亮
滋味	味醇厚甘

　　正山小种红茶，是世界红茶的鼻祖，又称拉普山小种，是中国生产的一种红茶，茶叶是用松针或松柴熏制而成，有着非常浓烈的香味。产地在福建省武夷山市。正山小种红茶是最古老的一种红茶，后来在正山小种的基础上发展了工夫红茶。

金骏眉

产地	福建省武夷山市
外形	圆而挺直
色泽	金黄油润
汤色	金黄清澈
香气	清香悠长
叶底	呈金针状
滋味	甘甜爽滑

　　金骏眉，于 2005 年由福建武夷山正山茶业首创研发，是在正山小种红茶传统工艺基础上，采用创新工艺研发的高端红茶。有人形容，金骏眉在茶业江湖上简直就是个神话，短短数年，从无到有，从最初问世的每500 克 3000 多元，目前已经上涨到上万元甚至数万元。

鉴 品 赏

◇看外形。金骏眉茶芽身骨较小，条索坚细紧结，卷曲且弧度大，其干茶色泽以金黄、褐、银、黑四色相间，且乌润光泽，绒毛少。仿制的金骏眉大多干茶颜色通体金黄，绒毛多，或者也是黑多黄少，但完全黑色的条索中夹杂完全金黄的其他条索。

◇闻香气。金骏眉香气为天然的花香、果香、蜜香混合香型，蜜香馥郁，持续悠远。

◇赏叶底。金骏眉的芽头挺拔，叶底呈金针状，均匀完整，色泽呈鲜活的古铜色。

◇品茶汤。金骏眉的茶汤有金圈，汤色金黄明亮、清澈度高。其滋味醇厚，鲜活甘爽，余味持久，并且耐冲泡。正宗金骏眉可以连续冲泡12泡以上，并且品质稳定，汤色香气

茶汤 金黄清澈

叶底呈金针状

一直持续。仿制的金骏眉用沸水冲泡后汤色发红发浑，接近于普通正山小种的颜色，并且不稳定，汤色变化差异很大。

坦洋工夫

产地	福建省福安市坦洋村
外形	紧细匀直
色泽	乌润有光
汤色	红艳明亮
香气	高锐持久
叶底	叶亮红明
滋味	醇厚甘甜

坦洋工夫，是福建省三大工夫红茶之首，它的分布较广，主要产地位于福安境内社口镇坦洋村的最高峰峦——白云山麓一带。此地常年烟云缈缈，雨雾蒙蒙，非常适宜茶树的生长。坦洋工夫以汤色红润、味道鲜醇以及耐冲泡的优良品质而远近闻名。

政和工夫

产地	福建省政和县
外形	条索肥壮
色泽	乌黑油润
汤色	红艳明亮
香气	浓郁芬芳
叶底	红匀鲜亮
滋味	醇厚甘爽

　　政和工夫茶为福建省三大工夫茶之一，亦为福建红茶中最具高山品种特色的条形茶。原产于福建北部，以政和县为主产区。政和工夫以大茶为主体，扬其毫多味浓之优点，又适当拼以高香之小茶，因此高级政和工夫体态特别匀称，毫心显露，香味俱佳。

白琳工夫

产地	福建省福鼎市
外形	细长弯曲
色泽	色泽黄黑
汤色	浅亮艳丽
香气	鲜纯沁心
叶底	鲜红带黄
滋味	味清鲜甜

　　白琳工夫是福鼎工夫红茶，以主产地福建省福鼎白琳命名，以高超的纯手工制作技艺和独特、优秀的品质，在海内外享有盛名。白琳工夫曾与福安县"坦洋工夫"、政和县"政和工夫"并列为"闽红三大工夫茶"而驰名中外。

英德红茶

产地	广东省英德市
外形	细嫩匀整
色泽	乌黑油润
汤色	红艳明亮
香气	鲜纯浓郁
叶底	柔软红亮
滋味	浓厚甜润

英德红茶，简称"英红"，始创于1959年，由广东英德茶厂创制。该茶以云南大叶种和凤凰水仙茶为基础，选取一芽二叶、一芽三叶为原料，经过一系列工序制成，具有香高味浓的品质特色。英德红茶共分为叶、碎、片、末四种花色，以金毫茶为红茶之最。

荔枝红茶

产地	广东
外形	紧细纤秀
色泽	乌褐油润
汤色	浓红清澈
香气	香高持久
叶底	肥软红亮
滋味	口味甘醇

荔枝红茶是广东名茶，是将新鲜荔枝烘成干果过程中，以工夫红茶（指贡茶，即高等红茶）为材料，低温长时间合并熏制而成。其外形普通，茶汤美味可口，冷热皆宜。荔枝红茶采用有机生态园种植的荔枝与工夫红茶干燥而成。

昭平红茶

产地	广西昭平县
外形	条索紧细
色泽	乌润金灿
汤色	红艳明亮
香气	醇木清香
叶底	红匀明亮
滋味	醇香馥郁

　　昭平红茶是广西昭平县有名的红茶新品种，是经过不断完善红茶产品加工工艺研制而成的，为广西茶叶的发展开辟了一条新路子。在 2010 年中国 (上海) 国际茶叶博览会上，昭平红茶成为广西唯一获得金奖的红茶产品。

海红工夫

产地	海南省五指山和尖峰岭
外形	粗壮紧结
色泽	乌黑油润
汤色	红艳明亮
香气	香高持久
叶底	红亮匀整
滋味	浓强鲜爽，富有刺激性

　　海红工夫为海南大叶种茶，主要产自海南省五指山和尖峰岭一带。海南大叶种是海南的产茶原料中极重要的一种，以其为原料，经过一系列工艺加工而成的海红工夫也逐渐发展成为海南的重要茶种之一。该茶入口后浓强鲜爽，富刺激性。

台湾日月潭红茶

产地	台湾日月潭
外形	紧结匀整
色泽	紫色光泽
汤色	澄清明亮
香气	清纯浓郁
叶底	肥嫩鲜活
滋味	醇和回甘

　　台湾日月潭红茶，属全发酵茶。为改善台湾红茶品质，1925 年自印度引进大叶种阿萨姆茶来台种植，并先选择在南投县鱼池、埔里、水里地区开发推广种植。此茶水色艳红清澈，香气醇和甘润，滋味浓厚，是台湾相当知名的茶品。

蜜香红茶

产地	台湾花莲县
外形	卷曲细长
色泽	乌褐润泽
汤色	深如琥珀
香气	茶香浓郁
叶底	柔软匀整
滋味	醇厚甘甜

　　蜜香红茶，产于台湾花莲县，是由茶业改良场台东分场研发。蜜香红茶因茶树生长过程中，叶片遭小绿叶蝉叮咬（传统称之为"着涎"）后，遂而使之带有独特的果香和蜜香。因为无喷洒农药，属纯天然绿色有机茶，茶汤甘醇浓郁。

产地	河南省信阳市
外形	紧细匀整
色泽	乌黑油润
汤色	红润透亮
香气	醇厚持久
叶底	嫩匀柔软
滋味	绵甜厚重

　　信阳红茶，是以信阳毛尖绿茶为原料，选取其一芽二叶、一芽三叶优质嫩芽为茶坯，经过萎凋、揉捻、发酵、干燥等九道工序加工而成的一种茶叶新品。其滋味醇厚甘爽，发酵工艺苛刻，原料选用严格，具有"品类新、口味新、工艺新、原料新"的特点。

川红工夫

产地	四川省宜宾市
外形	肥壮圆紧，显金毫
色泽	乌黑油润
汤色	浓亮鲜丽
香气	香气清鲜
叶底	厚软红匀
滋味	醇厚鲜爽

　　川红工夫是中国三大高香红茶之一，产于四川省宜宾等地，是 20 世纪 50 年代创制的工夫红茶。它条索紧细圆直，毫锋披露，色泽乌润，内质香高味浓的优良品质，畅销国际市场，成为我国后起之秀的高品质工夫红茶之一。

峨眉山红茶

产地	四川省峨眉山
外形	金毫显露
色泽	棕褐油润
汤色	汤色红亮
香气	甜香浓郁
叶底	红润明亮
滋味	甘甜爽滑

　　红茶是在绿茶的基础上以适宜的茶树新芽叶为原材料，经过萎凋、揉捻、发酵、干燥等过程精制而成。峨眉山红茶外形细紧，锋苗秀丽，棕褐油润，金毫显露，韵味悠扬，极其珍罕。需要注意的是，选购红茶时请留意茶叶的干度，看是否已经吸潮。

金丝红茶

产地	云南高原
外形	条索紧结
色泽	乌润红褐
汤色	清澈透明
香气	馥郁清高
叶底	粗大尚红
滋味	浓厚甘醇

　　大众普遍认为金丝红茶在红茶中是属上乘的一种。此茶大部分产于云南的高原地区，是红茶之中带有独特香气的一种，滋味十分浓厚，香气十足，耐泡是其一大特色。金丝红茶一个最大的特点是它的叶子独特，通常都概括为叶大而粗，并且富有韧性。

滇红工夫

产地	云南临沧
外形	紧直肥壮
色泽	乌黑油润
汤色	红浓透明
香气	高醇持久
叶底	红匀明亮
滋味	浓厚鲜爽

　　滇红工夫茶创制于 1939 年，产于滇西南，属大叶种类型的工夫茶，是中国工夫红茶的新葩，以外形肥硕紧实、金毫显露和香高味浓的品质独树一帜，著称于世。尤以茶叶的多酚类化合物、生物碱等成分含量，居中国茶叶之首。一般春茶比夏、秋茶好。

遵义红茶

产地	贵州省遵义市
外形	紧实细长
色泽	金毫显露
汤色	金黄清澈
香气	鲜甜爽口
叶底	呈金针状
滋味	喉韵悠长

遵义红茶产于贵州省遵义市，由于红茶在加工过程中发生了以茶多酚促氧化为中心的化学反应，鲜叶中的化学成分发生了较大的变化，香气物质比鲜叶明显增加，所以红茶便具有了红茶、红叶、红汤和香甜味醇的特征。

黔红工夫

产地	贵州省遵义市湄潭县
外形	肥壮匀整
色泽	乌黑油润
汤色	红艳明亮
香气	清高悠长
叶底	红艳明亮
滋味	甜醇鲜爽

黔红工夫是中国红茶的后起之秀，发源于贵州省湄潭县，于 20 世纪 50 年代兴盛，其原料来源于茶场的大叶型品种、中叶型品种和地方群体品种。其上品茶的鲜爽度和香味甚至可与优质的锡兰红茶相媲美，且具有良好的抗衰老和杀菌作用。

第四章

黑茶品鉴

露芽初破云腴细，玉纤纤亲试。
香雪透金瓶，无限仙风，月下人微醉。
相如肖渴无佳思，了知君此意。
不信老卢郎，花底春寒，赢得空无睡。

——宋·舒亶《醉花阴·试茶》

了解黑茶

黑茶是毛茶制造过程中或者制造后，经过渥堆发酵制成的茶，外形大多是黑褐色的，属于后发酵茶。黑茶主要供边远少数民族地区饮用，因此，又称为边销茶。如今，在几千年前古人开创的茶马古道上，络绎不绝的马帮身影不见了，清脆悠扬的驼铃声也远去了。但是，远古飘来的茶草香气却并没有消散殆尽，黑茶依然在人们的日常生活中扮演着重要的角色。

黑茶的主要品种有湖南黑茶、湖北佬扁茶、四川边茶、广西六堡散茶，云南普洱茶等，优质的黑茶，它所含的营养物质更加全面，养生治病的效果更加明显。

黑茶的保健功效

补充膳食营养

黑茶富含蛋白质、氨基酸、糖类等物质，长期饮用黑茶，可以代替水果蔬菜，补充人体必需矿物质和各种维生素。

抗氧化

黑茶中含有大量的具抗氧化作用的微量元素如锌、锰、铜和硒等，它们都具有很强的清除自由基的能力，因而具有抗氧化、延缓细胞衰老的作用。

防治糖尿病

黑茶含有丰富的茶多糖复合物，一般统称为茶多糖，是降血糖的主要成分。经常饮用黑茶可以增强胰岛素的功能，从而起到治疗糖尿病的功效。

利尿解毒

黑茶中的咖啡因对膀胱的刺激作用既能协助利尿，又有助于醒酒，解除酒毒，同时保护了肝脏和肾脏。另外，黑茶中的茶多酚能使烟草的尼古丁在人体内沉淀，并随尿液排出体外，降低了吸烟对人体的伤害。

茯砖茶

产地	湖南省益阳市安化县
外形	长方砖形
色泽	黑褐油润
汤色	红黄明亮
香气	纯正清高
叶底	黑褐粗老
滋味	醇和无涩味，回甘十分明显

　　茯砖茶又称茯茶、砖茶、府茶，是黑茶中一个最具特色的产品，约在公元1368年问世，采用湖南、陕南、四川等地的茶为原料，手工筑制。它所独有的"金花"（冠突散囊菌）对人体有很大益处，而且"金花"越茂盛，品质越佳，有"茶好金花开，花多茶质好"之说。

◇**看茶叶的原料。**上好的茯茶用料十分考究，大部分选用叶片大、叶张肥厚、色泽黑褐油润均匀一致的黑毛茶为原料。而质量等级稍微低一点儿的茯茶则用的是拼配原料，部分采用平地茶原料，叶张薄、瘦，含梗较多，色泽也较黄褐，欠均匀一致。

◇**看外形。**从茶叶的外形上来看，茯砖茶砖面平整，棱角分明，厚薄均匀，菌花茂盛。特制茯砖面为黑褐色，普通茯砖面为黄褐色。新茯茶的茶砖表面有大量的金黄色颗粒，形似"米兰"。随着陈放年代的延长，色泽逐步萎缩变白，三十年的茯茶已基本见不到金花留下的痕迹，隐约可见白色欠均匀的斑点。

◇**察叶底。**从叶底来看，茯砖茶的色泽随着储藏时间增长而变深。特制茯砖叶底黑汤尚匀，普通茯砖叶底黑褐粗老。

◇**品茶汤。**从汤色和滋味来看，茯砖茶的汤色红浓而不浊，特有的菌花香气浓郁，甘甜醇和，口感滑润，耐冲泡。冲泡多次后，茶汤色泽逐渐变淡，但甜味更加纯正。

茶汤 红黄明亮

叶底 黑褐粗老

湖南千两茶

产地	湖南省益阳市安化县
外形	呈圆柱形
色泽	黄褐油亮
汤色	金黄明亮
香气	高香持久
叶底	黑褐嫩匀
滋味	甜润醇厚

千两茶是 20 世纪 50 年代绝产的传统工艺茶品，产于湖南省安化县。千两茶是安化的一个传统名茶，以每卷的茶叶净含量合老秤一千两而得名，又因其外表的篾篓包装成花格状，故又名"花卷茶"。

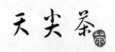

产地	湖南省益阳市安化县
外形	条索紧结
色泽	乌黑油润
汤色	橙黄明亮
香气	醇和带松烟香
叶底	黄褐尚嫩
滋味	醇厚爽口

历史上湖南安化黑茶系列产品有"三尖"之说，即"天尖、生尖、贡尖"。天尖黑茶地位最高，茶等级也最高，明清时就被定为皇家贡品，专供皇室家族品用，故名"天尖"，为众多湖南安化黑茶之首。

花砖茶

产地	湖南安化高家溪和马家溪
外形	砖面平整
色泽	色泽黑褐
汤色	红黄明亮
香气	香气纯正
叶底	老嫩匀称
滋味	浓厚微涩

　　花砖茶，历史上又叫"花卷"，又有别名"千两茶"，因一卷茶净重合老秤 1000 两。它的一般规格均为 35 厘米 × 18 厘米 × 3.5 厘米。做工精细、品质优良。因为砖面的四边都有花纹，为区别于其他砖茶，取名"花砖"。砖面色泽黑褐，内质香气醇正。

黑毛茶

产地	湖南省益阳市安化县
外形	条粗叶阔
色泽	黑褐油润
汤色	红褐明亮
香气	带松烟香
叶底	乌褐叶大
滋味	醇厚鲜爽

　　黑毛茶，是指没有经过压制的黑茶，作为原料的嫩芽则依据不同等级而有所不同，通常等级越高采摘嫩芽的时间越早，一级茶品要求以一芽二叶或一芽三叶为原料。如今，湖南著名的紧压茶，如黑砖茶、花砖茶、湘尖茶等都是以黑毛茶为原料制成的。

黑砖茶

产地	湖南白沙溪茶厂
外形	平整光滑
色泽	黑褐油润
汤色	黄红稍褐
香气	清香纯正
叶底	黑褐均匀
滋味	浓醇微涩

黑砖茶，是以黑毛茶作为原料制成的半发酵茶，创制于 1939 年。黑砖茶的外形通常为长方砖形，规格为 35 厘米 ×18 厘米 ×3.5 厘米，因砖面压有"湖南省砖茶厂压制"八个字，因此又称"八字砖"。

·鉴·品·赏·

◇赏干茶。黑砖茶从外形看来，条索细长，条形比较完整，应该是4~5级的毛茶作为底料，黑砖茶干茶色泽棕褐色，会散发出少许油光，干茶闻起来有樟香，所以气味稍带生刺味，在茶砖边缘会有少许风化的迹象。

◇观汤色。黑砖茶在冲泡过后，汤色会呈现出明显的栗色，比较清澈，茶汤透气，可以有极少的微小悬浮物。如果汤色通红一片，或者有大量悬浮物出现，则多半是由于添加了人工色素，不是质量很好的黑砖茶。

◇品滋味。黑砖茶的茶汤初入口，会感到有明显的樟香味，略带涩感，茶汤爽滑，回甘明显，鲜爽生津，但是水性稍薄。水性薄是上好黑砖茶的特点，千万不要因此而误以为是劣质的黑砖茶。

◇看叶底。黑砖茶经过多次冲泡后，叶底的色泽会呈现为暗褐色，比较均匀光亮，花束较少，叶质较柔软，捏起来有弹性。而叶底破碎凌乱、坚硬没有弹性的黑砖茶，则说明是假冒的或质量没有过关的黑砖茶了。

茶汤 黄红稍褐

叶底 黑褐均匀

青砖茶

产地	湖北省咸宁市
外形	长方砖形
色泽	青褐油润
汤色	红黄尚明
香气	纯正馥郁
叶底	暗黑粗老
滋味	味浓可口

青砖茶属黑茶种类，是以老青茶作原料，经压制而成的。其产地主要在湖北省咸宁地区的蒲圻、咸宁、通山、崇阳等县，已有200多年的历史。青砖茶的外形为长方形，色泽青褐，沏泡后，茶香隽永纯浓，香气纯正，茶汤红黄明亮，十分可爱。待茶汤稍凉，先

抿一口，入口后浓香可口，有回甘。青砖茶主要销往内蒙古等西北地区。

茶汤 红黄尚明

叶底 暗黑粗老

需要注意的是青砖茶在冲泡前可适当洗茶数秒，以让茶香在正式冲泡时可以充分地释放出来。青砖茶冲泡时间至少应保证以沸水冲泡10分钟左右；冲泡时应加盖，以让茶香、茶味充分释放。青砖茶煮饮效果更佳。

保健功效

（1）安神宁心作用：饮用青砖茶，除能生津解渴外，还具有清新提神、杀菌止泻的功效，适当饮用，效果甚好。

（2）杀菌、助消化作用：青砖茶富含膳食纤维，具有调理肠胃的功能，且有益生菌参与，能改善肠道微生物环境，助消化。

（3）暖身御寒、去脂减肥作用：青砖茶中含有多种营养成分，可以有效抑制体内脂肪细胞的聚集，并有效抑制脂肪细胞的肥大，表明青砖茶有很好的减肥、祛脂功效。

六堡散茶

产地	广西苍梧县大堡乡
外形	条索长整
色泽	黑褐光润
汤色	红浓明亮
香气	纯正醇厚
叶底	呈铜褐色
滋味	甘醇爽口

　　六堡散茶已有 200 多年的生产历史，因原产于广西苍梧县大堡乡而得名。现在产区相对扩大，分布在浔江、郁江、贺江、柳江和红水河两岸，主产区是梧州地区。六堡茶素以"红、浓、陈、醇"四绝著称，尤其是在海外侨胞中享有较高的声誉，被视为养生保

健的珍品。民间流传该茶有耐于久藏、越陈越香的说法。六堡散茶的特点是外形条索长整，色泽黑褐光润；闻上去纯正醇厚，冲泡后的汤色红浓明亮；入口后香气高扬浓郁，带有强烈的回甘，滋味生津持久。

茶汤 红浓明亮

叶底呈铜褐色

保健功效

(1) 降血压、防止动脉硬化作用：六堡散茶中含有其特有的氨基酸——茶氨酸，茶氨酸能通过活化多巴胺能神经元，起到抑制血压升高的作用。此外，六堡散茶的茶叶中含有的咖啡因和儿茶素类，能使血管壁松弛，增加血管的有效直径，通过血管舒张而使血压下降。

(2) 减肥作用：长期饮用六堡散茶能使体内的胆固醇及甘油酯减少，所以长期饮用六堡散茶，能起到治疗肥胖症的功用。

(3) 延年益寿：六堡散茶中含有的维生素C、维生素E、茶多酚、氨基酸和微量元素等多种有效成分，能帮助起到延缓衰老、益寿延年的作用，老年人饮用，对滋补身体有很好的效果。

金尖茶

产地	四川雅安地区
外形	圆角枕形
色泽	棕褐油润
汤色	红黄明亮
香气	清香平和
叶底	暗褐粗老
滋味	醇香浓郁

金尖茶产于四川雅安，原料选自海拔1200米以上云雾山中有性繁殖的成熟茶叶和红苔，经过32道工序精制而成。藏族谚语说"宁可三日无粮，不可一日无茶"，表达了对金尖茶的依赖之情。金尖茶常见规格为每块净重2.5千克，圆角枕形。正宗金尖茶色泽

青褐，干茶包装呈圆角枕形，平整而紧实，无脱层，色泽棕褐。沏泡后，香气纯正、平和，茶汤红黄明亮。入口后口感醇和，不苦不涩，醇和而有回甘，口齿生津。

茶汤 红黄尚明

叶底 暗褐粗老

特别提示

（1）金尖茶在冲泡前可洗茶数秒，让茶香充分释放出来。

（2）金尖茶在冲泡时若以沸水冲泡，需冲泡10分钟左右，让茶香及茶中有效营养成分得以充分释放。

（3）储存时应远离异味。

保健功效

（1）降胆固醇：金尖茶经过陈放，可生成多糖、茶红素、茶黄素等物质，其中茶黄素有降血脂的独特功能，不但能与胆固醇结合，减少食物中胆固醇的吸收，还能抑制人体自身胆固醇的合成。

（2）降脂：金尖茶含有多酚类及其氧化产物，能溶解脂肪，促进脂类物质排出，还可活化蛋白质激酶，加速脂肪分解，降低体内脂肪的含量。

（3）抗衰老：金尖茶中含有维生素C、维生素E、茶多酚氨基酸和微量元素等长饮可有效抗衰益寿延年。

金瓜贡茶

产地	云南布朗山
外形	匀整端正
色泽	黑褐光润
汤色	黑褐明亮
香气	纯正浓郁
叶底	肥软匀亮
滋味	醇香浓郁

　　金瓜贡茶也称团茶、人头贡茶，是普洱茶独有的一种特殊紧压茶形式，因其形似南瓜，茶芽长年陈放后色泽金黄，得名金瓜，早年的金瓜茶是专为上贡朝廷而制，故名"金瓜贡茶"。该茶始于清雍正七年(1729年)，至今已经有200多年的历史。

目前，金瓜贡茶的真品仅有两沱，分别保存于杭州中国农业科学院茶叶研究所与北京故宫博物院。现行世的所谓金瓜贡茶，皆是后来某些茶厂选用优质茶为原料，将中国传统工艺和现代工艺相结合，经高温蒸压而成。此茶形状匀整端正，棱角整齐，不缺边少角且厚薄一致，

茶汤 黑褐明亮

叶底肥软匀亮

松紧适度，茶香浓郁，隐隐有竹香、兰香、檀香和陶土的香气，清新自然，润如三秋皓月，香于九畹之兰，是普洱茶家族中，当之无愧的茶王。冲泡后茶水丝滑柔顺，醇香浓郁，色泽金黄润泽，其香沁心脾，入口后口感醇和，不苦不涩。

❈保健功效❈

（1）降脂消炎：金瓜贡茶有降血脂、减肥、预防糖尿病及前列腺肥大、抗菌消炎等健康功效。

（2）抗菌作用：金瓜贡茶中含有黄酮醇类、儿茶素、茶多酚等，具有很强的抗菌、抗氧化能力，常饮能起到一定的预防糖尿病及前列腺肥大作用。

普洱茶砖

产地	云南省普洱市宁洱县
外形	端正均匀
色泽	黑褐油润
汤色	红浓清澈
香气	陈香浓郁
叶底	肥软红褐
滋味	醇厚浓香

　　普洱茶砖产于云南省普洱市宁洱县，精选云南乔木型古茶树的鲜嫩芽叶为原料，以传统工艺制作而成。所有的砖茶都是经蒸压成型的，但成型方式有所不同。汽蒸沤堆是茯砖压制中特有工序，同时它还有一个特殊的过程，即让黄霉菌在其上面生长，俗称"发金花"。

勐海沱茶

产地	云南省西双版纳傣族自治州勐海县
外形	端正均匀
色泽	黑褐油润
汤色	橙黄明亮
香气	纯正浓郁
叶底	绿黄明亮
滋味	醇厚鲜爽

勐海沱茶产于云南省西双版纳傣族自治州勐海县，以勐海地区乔木茶树为原料，采用一、二级原料进行拼配。老嫩适中、芽头肥壮紧实的"勐海沱茶"，香气浓郁、生津效果俱佳，乃青沱之上品。优质勐海沱茶沱形端正、厚薄均匀、松紧适度、芽毫鲜露。

邦盆古树茶

产地	云南西双版纳勐海县邦盆老寨
外形	匀整紧结
色泽	灰黑墨绿
汤色	红亮通透
香气	纯高浓郁
叶底	肥软油润
滋味	醇厚回甘

　　邦盆古树茶产于云南省西双版纳傣族自治州勐海县邦盆老寨。该茶不施任何化肥、农药，属于纯有机茶。邦盆古树茶由于树龄大，海拔高，光照时间长，茶滋灵动性好，高山韵直接入喉。该茶具有减肥、防癌抗菌以及防辐射等作用。

老班章寨古树茶

产地	云南西双版纳傣族自治州勐海县
外形	条索细长
色泽	墨绿油亮
汤色	清亮稠厚
香气	厚重醇香
叶底	柔韧显毫
滋味	厚重醇香

　　老班章寨古树茶专指用云南省西双版纳州勐海县布朗山乡老班章村老班章茶区的古茶树大叶种乔木晒青毛茶压制的云南紧压茶，有"茶王"之称。按产品形式此茶可分为沱茶、砖茶、饼茶和散茶，按加工工艺可分为生茶和熟茶。其古树茶以质重、气强著称。

云南七子饼

产地	云南省大理市
外形	紧结端正
色泽	乌润油亮
汤色	橙黄明亮
香气	纯正馥郁
叶底	嫩匀完整
滋味	醇厚甘甜

　　云南七子饼亦称"圆饼"，是云南普洱茶中的著名产品，系选用云南一定区域内的大叶种晒青毛茶为原料，适度发酵，经高温蒸压而成，具有滋味醇厚、回甘生津、经久耐泡的特点。该茶保存于适宜的环境下越陈越香。

普洱散茶

产地	云南省普洱市
外形	粗壮肥大
色泽	褐中泛红
汤色	红浓明亮
香气	独特陈香
叶底	深猪肝色
滋味	醇厚回甘

　　普洱散茶属于普洱茶的一种，是以优质云南大叶种为原料，经过杀青、揉捻、晒干、渥堆、晾干、筛分等工序制作而成的。一般是以嫩度来划分等级的，嫩度越高茶叶级别越高。普洱散茶属于晒青毛茶，若在合适的条件下进行保存，年份越久，其品质则越佳。

宫廷普洱

产地	云南省昆明市、西双版纳
外形	紧细匀整
色泽	褐红油润
汤色	红浓明亮
香气	陈香浓郁
叶底	褐红细嫩
滋味	浓醇爽口

宫廷普洱，是古代专门进贡给皇族享用的茶，是普洱中的特级茶品，称得上是茶中的名门贵族。宫廷普洱的制作颇为严格，是选取二月份上等野生大叶乔木芽尖中极细且微白的芽蕊，经过杀青、揉捻、晒干、渥堆、筛分等多道复杂的工序，才最终制成的优质茶品。

凤凰普洱沱茶

产地	云南省大理市南涧县
外形	紧结端正
色泽	乌润光泽
汤色	橙黄明亮
香气	纯正馥郁
叶底	嫩匀完整
滋味	醇厚甘甜

　　凤凰普洱沱茶产于云南省大理市南涧县，选用具有无量山优质大叶种青毛茶为原料加工而成。凤凰普洱沱茶除了品质优异以外，它的包装也很讲究。其外包装上面有两只凤凰图案，随着生产日期的不同，茶品上的凤凰会出现单眼皮、双眼皮、双眉等形态。

下关沱茶

产地	云南大理
外形	形如碗状
色泽	乌润显毫
汤色	红浓透亮
香气	清纯馥郁
叶底	红褐均匀
滋味	纯爽回甘

　　下关沱茶是一种圆锥窝头状的紧压普洱茶，由思茅地区景谷县的"姑娘茶"演变而成。现代的沱茶形状如团如碗，以区别于饼茶和砖茶等形状的普洱茶。下关沱茶选用云南省 30 多个县出产的名茶为原料，经过人工揉制、机器压紧等数道工序精制而成。

普洱小沱茶

产地	云南省
外形	紧致结实
色泽	褐红油润
汤色	黄色鲜明
香气	陈香醇厚
叶底	粗老均匀
滋味	回味甘甜

普洱小沱茶属云南黑茶中的紧压茶，又称"云南沱茶"。一开始是由于一般的散装茶叶不便于保存和运输，制作人便将茶叶经过一般的制茶程序后，再蒸透置入碗状容器，用手加压让它紧结成型，定型后再慢慢中温烘制而成。

布朗生茶

产地	云南
外形	条索肥硕
色泽	嫩绿油润
汤色	金黄透亮
香气	略有蜜香
叶底	柔软匀称
滋味	细腻厚重

布朗生茶是云南出产的黑茶中较为有名的一种。布朗生茶轻嗅起来似乎带有浓重的麦香味，外形呈茶饼状，饼香悠远怡人，条索硕大而不似一般茶饼、茶砖，是通过收采最嫩芽叶纯手工制作而成。此茶微显毫，尝起来茶味清甜。

橘普茶

产地	陈皮产自广东省新会市，普洱茶叶产自云南省西双版纳
外形	果圆完整
色泽	红褐光润
汤色	深红褐色
香气	陈香浓郁
叶底	黑褐均匀
滋味	醇厚滑爽

橘普茶，又称陈皮普洱茶、柑普茶，乃五邑特产之一，是选取了具有"千年人参，百年陈皮"之美誉的新会柑皮与云南陈年熟普洱，经过一系列复杂的制作工序加工而成的特型紧压茶。

第五章
白茶品鉴

兀兀寄形群动内，陶陶任性一生间。
自抛官后春多醉，不读书来老更闲。
琴里知闻唯渌水，茶中故旧是蒙山。
穷通行止长相伴，谁道吾今无往还？

——唐·白居易《琴茶》

了解白茶

　　白茶因其成品茶叶呈白色而得名。制作白茶的基本工艺包括萎凋、烘焙、拣剔、复火等，其中萎凋是决定白茶品质的关键工序，显得尤为重要。白茶不仅毫色银白，满身披毫，素有"绿妆素裹"之美感，而且毫香清鲜，汤色黄亮清澈，滋味鲜醇，还能起药理作用。中医认为白茶性清凉，具有退热降火之功效。由于白茶品种稀少，风味独特，品质绝佳，受到人们的欢迎，民间授予白茶"茶端"的美称。

白茶的保健功效

治麻疹

白茶可以治疗麻疹，尤其是陈年的白茶可用来治疗幼儿因患麻疹而引起的高热，其退热效果比抗生素更好。

平衡血糖

白茶含有人体所必需的活性酶，这种活性酶能促进脂肪分解代谢，有效控制胰岛素分泌量，延缓肠胃对葡萄粉的吸收，分解体内血液多余的糖分，促进血糖平衡。

明目清心

白茶属性寒凉，具有退热祛暑解毒之功，经常饮用可以消暑解渴，清心明目。

保肝护肝

白茶中所含的二氢杨梅素等黄酮类天然物质，可以加速酒精的代谢产物——乙醛的迅速分解，变成无毒物质，降低对肝细胞的损害。

白毫银针

产地	福建省福鼎市政和县
外形	茶芽肥壮
色泽	鲜白如银
汤色	清澈晶亮
香气	毫香浓郁
叶底	肥嫩全芽
滋味	甘醇清鲜

　　白毫银针，简称银针，又叫白毫，产于福建省福鼎市政和县。素有茶中"美女""茶王"之美称。由于鲜叶原料全部是茶芽，白毫银针制成成品茶后，形状似针，白毫密被，色白如银，因此命名为白毫银针。

◇看外形。从干茶的外形品质来看，以毫心肥壮、色泽银白闪亮的干茶为优品，以芽头瘦弱、短小、色彩灰暗的干茶为次品。

◇察叶底。从叶底来看，优质的银针茶的叶底主要呈黄绿色，存放一段时间之后会稍稍呈现红褐色。除此之外，均匀整齐也是其重要的特点；而次品的叶底则杂乱无章，颜色也显晦暗。

◇品茶汤。优质银针茶冲泡之后，茶汤略呈杏黄色，其中北路银针味道清鲜爽口，而南路银针则滋味浓厚，香气清鲜。

茶汤 清澈晶亮

叶底 肥嫩全芽

保健功效

（1）白毫银针味温性凉，"功同犀角"，有祛湿退热、健胃提神的功效，经常饮用能够防疫祛病。

（2）白毫银针含有活性酶、维生素 E 等营养物质，可用于风热感冒、牙痛、麻疹等病的治疗，还可以用于降血压、降血脂、抗肿瘤、安神、抗辐射等。

白牡丹

产地	福建省政和、建阳、福鼎、松溪等县
外形	叶张肥嫩
色泽	灰绿显毫
汤色	杏黄明净
香气	有持久的毫香
叶底	浅灰，均匀完整
滋味	鲜醇爽口，有回甘

　　白牡丹，产于福建政和、建阳、福鼎、松溪等县，是中国福建历史名茶，采用福鼎大白茶、福鼎大毫茶为原料，经传统工艺加工而成。因其绿叶夹银白色毫心，形似花朵，冲泡后绿叶托着嫩芽，宛如蓓蕾初放，故得美名白牡丹茶。

◇看外形。从茶叶的外形上来看，白牡丹茶有着两叶抱一芽的特点。它的芽叶相连，成"抱心形"，毫心肥壮，呈银白色，叶态自然伸展，叶子背面布满了洁白的茸毛。

◇察叶底。优质的白牡丹茶的叶底主要呈现浅灰色。它不仅肥嫩，而且均匀完整，叶脉也微微现出红色。

茶汤 杏黄明净

◇品茶汤。冲泡过后的白牡丹，茶汤清澈明净，呈现橙黄或是杏黄的颜色。它的滋味更是鲜醇爽口有回甘，特别是还弥散着鲜嫩持久的毫香。

叶底 浅灰成朵

保健功效

（1）白牡丹茶性凉味甘，具有清凉解暑、生津止渴、清肝明目、润肺清热、退热降火的功效，可作为夏季祛暑的上佳饮品。

（2）白牡丹茶中茶多酚和氨基酸的含量较多，能够起到镇静降压、提神醒脑、防辐射、防癌抗癌等功效。

寿眉

产地	福建省建阳市
外形	形似扁眉
色泽	色泽翠绿
汤色	绿而清澈
香气	香高清鲜
叶底	嫩匀明亮
滋味	醇厚爽口

寿眉，有时又称为贡眉，是以茶芽叶制成的"小白"为原料制作而成的白茶。它是白茶中产量最多的品种，主要分布于福建省福鼎、建阳、浦城、建瓯等地，其历史悠久，尤其是福鼎的寿眉有"茶叶活化石"的美誉。

◇**看外形。**从茶叶外形上来看，优质的寿眉色泽翠绿，形状好像眉毛，芽叶之间有白毫，而且毫心明显，数量较多。

茶汤绿而清澈

◇**察叶底。**从叶底来看，寿眉佳品的叶底较为鲜亮均匀，显得非常柔软整齐。迎着阳光看去，寿眉的叶脉会呈现红色。

叶底嫩匀明亮

◇**品茶汤。**从汤色和滋味来看，优质寿眉冲泡之后，茶汤会呈现深黄或是橙黄的色彩。饮上一口，醇厚爽口之感便会充满口腔，鲜纯的香气也会萦绕在周围。

保健功效

（1）寿眉茶具有明目降火、清凉解毒、防暑降温的功效，可以治疗"大火症"，是治疗小儿高热的良药。

（2）寿眉茶中含有人体必需的活性酶及多种营养物质，具有很好的抗癌、杀菌作用。另外，饮用寿眉茶还能有效地促进脂肪的分解代谢，促进血糖平衡。

福鼎白茶

产地	福建省福鼎区
外形	分支浓密
色泽	叶色黄绿
汤色	杏黄清透
香气	香味醇正
叶底	浅灰薄嫩
滋味	回味甘甜

　　福建是白茶之乡，以福鼎白茶品质最佳、最优。福鼎白茶是通过采摘最优质的茶芽，再经过萎凋和干燥、烘焙等一系列精制工艺而制成的。福鼎白茶有一特殊功效，在于可以缓解或解决部分人群因为饮用红酒上火的难题。

　　需要注意的是冲泡时不宜太浓，一般150毫升的水，用5克的茶叶就足够了。泡茶的水温要求在95℃以上，第一泡时间约5分钟，经过滤后将茶汤倒入茶盅即可饮用。第二泡只要3分钟即可，也就是要做到随饮随泡。一般情况一杯白茶可冲泡四五次。对于胃"热"的人可在空腹时适量饮用。胃"寒"的人，则要在饭后饮用。

茶汤
杏黄清透

叶底
浅灰薄嫩

特别提示

　　白茶每一口都让人有清新的口感，适合小口品饮，夏季可选择冰镇后饮用。

保健功效

　　（1）清热降火作用：白茶性凉，能够有效消暑解热，降火祛火，具有治病功效。

　　（2）美容养颜功效：白茶中的自由基含量较低，多饮此茶或者与此茶相关的提取物，可以起到延缓衰老、美容养颜的作用。

　　（3）抑制细菌作用：福鼎白茶对葡萄球菌感染、肺部感染、肺炎、链球菌感染具有一定的预防作用。

月光白

产地	云南省思茅地区
外形	茶绒纤纤
色泽	面白底黑
汤色	金黄透亮
香气	馥郁缠绵
叶底	红褐匀整
滋味	醇厚饱满

　　月光白，又名月光美人，它的形状奇异，一芽一叶，一面白，一面黑，表面绒白，底面黝黑，叶芽显毫白亮，看上去犹如一轮弯弯的月亮，就像月光照在茶芽上，故此得名。月光白采用普洱古茶树的芽叶制作，是普洱茶中的特色茶。

峨眉山白茶

产地	四川省峨眉山
外形	毫色银白
色泽	鲜叶嫩白
汤色	清澈黄亮
香气	芬芳馥郁
叶底	幼嫩匀整
滋味	甘味生津

　　白茶是茶中的瑰宝，因毫色银白，素有"绿妆素裹"之美感，故称为"白茶"。中医药理证明，白茶茶性清凉，能起到退热、解毒、清火、理气的良好功效。峨眉山白茶的香味奇异，含有人体所需的活性酶，因此被视若瑰宝。

253

第六章
黄茶品鉴

野泉烟火白云间，坐饮香茶爱此山。
岩下维舟不忍去，青溪流水暮潺潺。
——唐·灵一《与元居士青山潭饮茶》

了解黄茶

　　黄茶不仅叶片黄，汤色也呈浅黄色或者深黄色，形成了黄茶"黄叶黄汤"的品质特点。这种黄色主要是制茶过程中进行渥堆闷黄的结果，因此黄茶属于轻发酵茶。黄茶因产地、所采制的鲜叶程度和叶片大小、加工工序的不同，构成了各自不同的品质特点。黄茶根据茶叶的嫩度和大小分为黄芽茶、黄大茶和黄小茶。主要产地有安徽、湖南、四川、浙江等地，较有名的黄茶品种有莫干黄芽、霍山黄芽、君山银针、北港毛尖等。

黄茶的保健功效

健脾益胃

黄茶的冲泡方法比较特殊，需要长时间浸泡，在泡的过程中，黄茶会产生大量的消化酶，这些消化酶会促进消化，改善脾胃的功能，从而改善消化不良，食欲缺乏等症。

防治食管癌

黄茶中所含的氨基酸、可溶糖等物质，能够很好地改善食道的环境，防止细菌的滋生，抑制细胞的癌变，对防治食管癌有明显功效。

促进新陈代谢

黄茶能随着体液的循环穿入细胞内，增加细胞的弹性活力，促进细胞的新陈代谢。尤其是穿入脂肪细胞后，脂肪细胞在消化酶的作用下恢复代谢功能，将脂肪化除。

消脂减肥

黄茶沤制中产生的消化酶能促进脂肪代谢，减少脂肪堆积，在一定程度上能消除脂肪，是减肥佳品。

莫干黄芽

产地	浙江省德清县
外形	细如雀舌
色泽	黄嫩油润
汤色	橙黄明亮
香气	清鲜幽雅
叶底	细嫩成果
滋味	鲜美醇爽

　　莫干黄芽，是浙江省第一批省级名茶之一，主要产于浙江省德清县西部的南路乡莫干山的北麓。莫干黄芽条紧纤秀，细似莲心，含嫩黄白毫芽尖，故名。该茶外形美观，味道甘醇，颜色黄亮，香气馥郁，历来被认为是莫干山茶园中的上品。

◇鉴赏干茶。莫干黄芽的成品茶外形紧细成条，细紧多毫，条紧纤秀，细似莲心；含嫩黄白毫芽尖，芽叶完整肥壮，茸毫显现，净度良好，多显茸毫；色泽绿润微黄，黄嫩油润，香气清高持久，鲜爽回甘。

茶汤 橙黄明亮

叶底 细嫩成朵

◇鉴赏内质。上好的莫干黄芽经沸水冲泡后，汤色橙黄明亮，黄绿清澈，入口之后，滋味鲜爽浓醇，叶底嫩黄成朵，形态十分优美。

保健功效

经科学实验证明，莫干黄芽茶能产生丰富的糖化淀粉酶和黑曲酶，分解出蛋白酶、果胶酶，润滑脂分解蛋白质生成氨基酸、降解果胶物质。黑曲酶还能利用多种碳源，产生柠檬酸。莫干黄芽在焖堆中胞外酶的作用能形成新的小分子糖类物质。这些物质成分在增强人体免疫力、抵抗细菌干扰、促进人体新陈代谢、提神醒目方面都有极好的效果。

霍山黄芽

产地	安徽省霍山县
外形	形似雀舌
色泽	嫩绿披毫
汤色	黄绿清澈
香气	清香持久
叶底	嫩黄明亮
滋味	鲜醇浓厚

　　霍山黄芽，又称芽茶，主要产于安徽省霍山县，其中以大化坪的金鸡山、金山头；太阳的金竹坪；姚家畈的乌米尖，即"三金一乌"所产的黄芽品质最佳。现在的霍山黄芽一般多为散茶。霍山黄芽不仅畅销国内，近年还出口德国、美国等地。

◇**看外形。**从茶叶的外形来看，霍山黄芽条索较直微展，形似雀舌，均匀整齐而成朵，芽叶细嫩，毫毛披伏。

◇**察叶底。**从叶底来看，霍山黄芽叶底呈黄色，鲜嫩明亮，叶质柔软，均匀完整。

茶汤 黄绿清澈

叶底 嫩黄明亮

◇**品茶汤。**从汤色和滋味来看，霍山黄芽茶汤色黄绿，清澈明亮，香气清新持久，一般有三种香味，即花香、清香和熟板栗香，滋味醇和浓厚，鲜嫩回甘，入口爽滑，耐冲泡。

保健功效

（1）降脂减肥：黄芽茶中的茶多酚可以清除血管壁上胆固醇的蓄，同时抑制细胞对低密度脂蛋白胆固醇的摄取，从而达到降低血脂的作用。

（2）增强免疫力：此茶可以提高人体中的白细胞和淋巴细胞的数量和活性以及促进脾脏细胞中白细胞间素的形成，从而增强人体免疫力。

北港毛尖

产地	湖南省岳阳市北港和岳阳县康王乡一带
外形	芽壮叶肥
色泽	呈金黄色
汤色	汤色橙黄
香气	香气清高
叶底	嫩黄似朵
滋味	甘甜醇厚

　　北港毛尖是条形黄茶的一种，在唐代就有记载，清代乾隆年间已有名气。主要产于湖南省岳阳市北港和岳阳县康王乡一带。茶区气候温和，雨量充沛，湖面蒸汽冉冉上升，形成了北港茶园得天独厚的自然环境。北港毛尖鲜叶一般在清明后五六天开园采摘，要

求一号毛尖原料为一芽一叶，二、三号毛尖为一芽二、三叶。抢晴天采，不采虫伤、紫色芽叶、鱼叶及蒂把。鲜叶随采随制，其加工方法分锅炒、锅揉、拍汗及烘干四道工序。北港毛尖茶于1964年被评为湖南省优质名茶，选购时以外形芽壮叶肥，毫尖显露，呈金黄色，内质香气清高，汤色橙黄，滋味醇厚，叶底嫩黄似朵者为佳。

茶汤 汤色橙黄

叶底 嫩黄似朵

特别提示

冲泡北港毛尖的时候最好用透明的玻璃杯，以便于观察茶的色和形，冲泡用水最好是用山泉水。冲泡时可以看到茶芽从横卧状态逐步直立，上下沉浮，仔细观察可以看到芽尖上会有气泡产生。

保健功效

（1）抗御辐射：北港毛尖含有防辐射的有效成分，包括茶多酚类化合物、脂多糖、维生素等，能够达到抗辐射效果。

（2）抗衰老：北港毛尖茶中含有维生素C和类黄酮，能有效抗氧化和抗衰老。

沩山毛尖

产地	湖南省宁乡区
外形	叶缘微卷
色泽	黄亮油润
汤色	橙黄明亮
香气	芬芳浓厚，带有松烟香
叶底	黄亮嫩匀
滋味	醇甜爽口

　　沩山毛尖，产于湖南省宁乡区的沩山乡。其历史悠久，远在唐代就已著称于世。此茶是采摘一芽一叶或一芽二叶，无残伤、无紫叶的鲜叶，经杀青、闷黄、轻揉、烘焙、熏烟等工艺精制而成。其中熏烟为沩山毛尖的独特之处。

沩山毛尖颇受国内外饮茶者的青睐，被视为礼茶之珍品，并畅销各地。购买沩山毛尖如此珍贵的茗茶，我们就需要对茶的品质特征有很好的把握。

茶汤 橙黄明亮

叶底 黄亮嫩匀

◇**看干茶**。沩山毛尖茶的芽尖形如鹊嘴，叶片闪亮发光，有令人心怡的松香味，其成品茶则外形微卷成块状，条索紧结，色泽黄亮油润，白毫显露。如果香味有异，而且外形松散，不成块状，则证明是劣质的沩山毛尖。

◇**赏冲泡**。沩山毛尖茶叶经滚水冲泡后，片片芽叶会在水里上下浮沉，接着便缓缓旋转，在水中慢慢回旋，还可看到茶芽张开小巧细嫩的两片鹊嘴，并且吐出一串串水珠。这是上好的沩山毛尖所独有的品质特征。当沩山毛尖茶叶吸足水后，会马上倒立水中，不浮于水面上，又不落于底的奇妙景象。

◇**品茶汤**。沩山毛尖茶冲泡后的汤色橙黄透亮，松烟香气芬芳浓郁，入口之后，滋味醇甜爽口。连续冲泡几次，沩山毛尖的叶底依然黄亮嫩匀。

君山银针

产地	湖南省洞庭湖君山
外形	芽头茁壮
色泽	金黄发亮
汤色	杏黄明净
香气	毫香鲜嫩
叶底	肥厚匀亮
滋味	甘醇甜爽

　　君山银针，又称白鹤茶，产于湖南省岳阳洞庭湖中的君山，是中国十大名茶之一。它形细如针，故得此名。又因其成品茶芽头茁壮，大小均匀，内呈橙黄色，外裹一层白毫，故得雅号"金镶玉"。

◇鉴别干茶。君山银针茶叶是由未展开的肥嫩芽头制成的，因此，其成品茶芽头肥壮，坚实挺直、匀齐，茶身满布毫毛，色泽金黄光亮，香气清鲜高爽，茶色浅黄，古人形容此茶如"白银盘里一青螺"。

茶汤 杏黄明净

叶底 肥厚匀亮

◇鉴别内质。上好的君山银针茶叶冲泡后，汤色橙黄明净，看起来芽尖冲向水面，悬空竖立冲向上面，继而徐徐下沉杯底，三起三落，浑然一体，形如群笋出土，又像银刀直立，确为茶中奇观。正宗的君山银针入口之后，滋味甜爽甘醇，虽久置而其味不变，清香沁人，唇齿留香，叶底嫩黄匀亮。而假冒的君山银针则为青草味，泡后银针不能竖立。

保健功效

（1）君山银针茶性凉，色黄入脾，具有很好的健脾化湿，消滞和中的作用。

（2）君山银针中含有的消化酶和茶多酚对缓解消化不良，食欲缺乏效果明显，并具有减肥的功效。

广东大叶青

产地	广东韶关
外形	条索肥壮
色泽	青润显黄
汤色	橙黄明亮
香气	纯正浓郁，清新持久
叶底	叶底淡黄
滋味	浓醇回甘

　　广东大叶青茶，又称大叶青，主要产于广东省韶关、肇庆、湛江等县市，是黄大茶的代表品种之一。广东大叶青茶以云南大叶种茶树的鲜叶为原料，其采摘标准为一芽二至三叶，它的制造过程分为萎凋、杀青、揉捻、闷黄、干燥五道工序。杀青前的萎凋和揉捻后

茶汤　橙黄明亮

叶底　叶底淡黄

的闷黄具有消除青气涩味，促进香味醇和纯正的作用，具有黄茶的一般特点，所以归属黄茶类。但在具体制作中是先萎凋后杀青，再揉捻闷堆，这是与其他黄茶所不同的地方。

选购时以外形条索肥壮、紧结重实，老嫩均匀，叶张完整、显毫，色泽青润显黄，香气纯正，滋味浓醇回甘，汤色橙黄明亮，叶底淡黄者为佳。

保健功效

（1）广东大叶青茶性苦、寒，具有败毒抗癌、清热解痉、凉血除斑、消炎退肿的功效。

（2）广东大叶青茶独特的制作工序使其保留了鲜叶中的天然物质，其富含氨基酸、茶多酚、维生素、脂肪酸等多种成分，能促进人体脂肪代谢和降低脂肪沉积体内，有利于降脂减肥，从而达到较好的瘦身效果。

（3）广东大叶青茶中含有丰富的维生素C，其中的类黄酮可以增加维生素C的抗氧化功能。两者的结合，可以更好地维持皮肤白皙、保持年轻，有利于美容养颜。

蒙顶黄芽

产地	四川蒙山
外形	扁平挺直
色泽	色泽黄润
汤色	黄中透碧
香气	甜香鲜嫩
叶底	全芽嫩黄
滋味	甘醇鲜爽

　　蒙顶黄芽，属于黄茶中的黄芽茶类，是中国历史上最有名的贡茶之一，产于四川蒙山，有"琴里知闻唯渌水，茶中故旧是蒙山"的说法。

　　蒙顶黄芽也具有"黄叶黄汤"的品质特征，它的采摘标准很严格，一般采摘于春分时节，通常选圆肥单芽和一芽一叶初展的芽头，采摘时严格做到"五不采"，即紫芽、病虫为害芽、露水芽、瘦芽、空心芽不采，经复杂工艺制作而成。蒙顶黄芽的条索匀齐，芽条匀整，芽叶细嫩，扁平挺直，色泽嫩黄油润，金毫显露；其叶底色泽明黄鲜活，芽叶均匀整齐，

茶汤 黄中透碧

叶底 全芽嫩黄

直挺扁平；汤色嫩黄透彻，润泽明亮；它还具有一种独特的甜香，芬芳浓郁，鲜味十足，口感爽滑，滋味醇和。

保健功效

（1）蒙顶黄芽茶茶性温和，擅温胃养胃、消食健脾、生津止渴、明目养神等。

（2）蒙顶黄芽富含茶多酚、氨基酸、可溶糖、维生素等丰富营养物质，对预防食管癌有明显的功效。甚至有不少食管癌患者，将蒙顶黄芽茶作为辅助治疗的饮品和药物。

（3）蒙顶黄芽茶叶中保有大量天然物质，它们对预防癌症、抵抗癌变、杀菌消炎、降脂减肥有良好功效。

（4）黄芽茶叶含氟量较高，常饮此茶对护牙坚齿、防龋齿等有明显作用。

第七章
花茶品鉴

曾求芳茗贡芜词，果沐颁沾味甚奇。
龟背起纹轻炙处，云头翻液乍烹时。
老丞倦阅偏宜矣，旧客过从别有之。
珍重宗亲相寄惠，水亭山阁自携持。
——唐·刘兼《从弟舍人惠茶》

了解花茶

　　花茶，又称香花茶、熏花茶、香片等。它是以绿茶、红茶、乌龙茶坯及符合食用要求、能够吐香的鲜花为原料，采用特殊工艺制作而成的茶叶。花茶集茶味与花香于一体，茶饮花香，花增茶味，相得益彰。如此佳茗，既保持了浓郁爽口的茶味，又有鲜灵芬芳的花香。花茶是我国特有的一种再加工茶，可细分为花草茶和花果茶。花茶的材料来源非常广泛，种类繁多，我们常见的花类如玫瑰花、茉莉花、月季花、迷迭香等，果实类如罗汉果、龙眼、决明子、枸杞子等，都可以用来泡制花茶。

花茶的保健功效

　　花茶的功效一般是根据主要茶材的功效而决定的，在这里简单介绍一些典型花茶茶材的功效。

　　◇玫瑰花。经常饮用玫瑰花茶，可有显著的美容功效，能祛除雀斑，润肤养颜。此外，玫瑰性质温和，可缓和情绪、平衡内分泌，对肝及胃有调理的作用，亦可消除疲劳、改善体质。

　　◇荷叶。荷叶中的荷叶碱具有清心火、平肝火、泻脾火、降肺火以及清热养神的功效。常喝荷叶茶可以润肠通便，有利于排毒。

　　◇迷迭香。迷迭香能增强脑部功能，减轻头痛症状，增强记忆力，对宿醉、头昏晕眩及紧张性头痛也有良效。迷迭香还兼具美容功效，常饮用可祛除斑纹，调理肌肤。迷迭香具有较强的收敛作用，能促进血液循环，刺激毛发再生。

　　◇罗汉果。中医认为，罗汉果味甘，性凉，归肺、大肠经，有清热润肺、化痰止咳，生津止渴的功效。此外，罗汉果还有润肠通便的功效。

　　◇胖大海。对咽喉肿痛，扁桃体炎，鼻炎都有其独特的功效。

　　◇野菊花。具有避暑消热，清心明目的功效。

代代花茶

产地	浙江、江苏、福建等省
外形	条索细匀
色泽	全黄泛绿
汤色	黄明清澈
香气	鲜爽浓烈
叶底	黄绿明亮
滋味	滋味浓醇

代代花茶因其香味浓醇的品质和开胃通气的药理作用而深受消费者喜爱，被誉为"花茶小姐"，畅销华北、东北、江浙一带。代代花茶一般用中档茶窨制，头年必须备好足够的茶坯，窨制前应烘好素坯，使陈味挥发，茶香透出，从而有利于代代香气的发展。

◇看外形。首先，从外形上看，代代花茶的外形条索紧结，形状略扁，茶叶粗壮松散有致，含有圆头块，色泽深绿，或者黄绿稍暗。

茶汤 黄明清澈

◇品内质。从内质上看，代代花茶冲泡之后，汤色是黄色的，香气高扬，且浓郁持久，入口之后，滋味醇厚，

叶底 黄绿明亮

味道鲜浓，纯正平和，叶底则黄绿欠明亮，会有比较多的茶叶梗漂浮。

保健功效

（1）解郁理气：代代花能疏肝和胃，主治胸中痞闷、脘腹胀痛、呕吐少食。

（2）消脂：代代花能促进血液循环，疏肝理气，适合脾胃失调而肥胖的人饮用。

（3）止咳化痰：代代花有破气行痰、散积消痞之功，治咳嗽气逆、胃脘作痛等功效。

（4）镇静宁神：代代花能镇定心情，缓解紧张情绪。

玉兰花茶

产地	江苏省苏州市
外形	紧结匀整
色泽	黄绿尚润
汤色	浅黄明亮
香气	鲜灵浓郁
叶底	细嫩匀亮
滋味	醇厚鲜爽

　　玉兰花属木兰科植物，原产于长江流域。玉兰花采收以傍晚时分最宜，用剪刀将成花一朵朵剪下，浸泡在8～10℃的冷水中1～2分钟，再沥干，经严格的气流式窨制工艺，即分拆枝、摊花、晾制、窨花、通花、续窨复火、匀堆装箱等工序，再经照射灭菌制成花茶。

野菊米

产地	浙江遂昌
外形	轻圆黄亮
色泽	碧绿鲜嫩
汤色	清绿透亮
香气	花香浓郁
叶底	匀整晶绿
滋味	甘爽鲜醇

　　野菊米是由精制的野菊花花蕊经杀青、滚香、反复烘干而成的，其色黄绿，状如米粒。野菊米主要有浙江遂昌野菊米及西藏野菊米，含有蛋白质、野菊花素、菊米内脂等微量元素，能提高抗病、防病能力，是理想的天然保健饮品。

婺源皇菊

产地	江西省上饶市婺源县
外形	成圆球状
色泽	金蕊艳黄
汤色	金黄透亮
香气	浓香扑鼻
叶底	橙黄厚实
滋味	入口甘甜

　　婺源皇菊是花茶中同时具备食用价值、药用价值、饮用价值和观赏价值的一类，焖、蒸、煮、炒皆宜。婺源皇菊可以治疗头痛、目眩、发炎等不良症状，其饮用价值更是极高，常饮能够起到降脂降压的作用，且长相美好，花色动人，具备欣赏价值。

福州茉莉花茶

产地	福建省福州市以及闽东北地区
外形	紧细匀整
色泽	黑褐油润
汤色	黄绿明亮
香气	鲜灵持久
叶底	嫩匀柔软
滋味	醇厚鲜爽

　　茉莉花茶，又叫"茉莉香片"，是以一芽一叶或一芽二叶的优质绿茶嫩芽为茶坯，再与茉莉花瓣进行拼合所制成的。在诸多茉莉花茶品种中，就属福州茉莉花茶名气最高，是茉莉花茶类中唯一的历史名茶。

女儿环

产地	福建省福鼎市和云南
外形	形似耳环
色泽	色泽翠绿
汤色	黄绿清澈
香气	浓郁持久
叶底	匀嫩完整
滋味	鲜浓醇厚

女儿环，又称金玉环，因其形状像女孩子的耳环而得名，主要产于我国的云南省和福建省境内，是我国花茶类中的名优品种。女儿环茶是利用优良福鼎玉毫茶清明前的单芽鲜叶作为原料，经摊放、蒸汽杀青、筛分、整理等工序精制而成，保持生叶的鲜绿特点，

品质优异，很好地结合了绿茶和茉莉花的优良品质。特别是其采用手工工艺制茶，所以外观造型独特，具有较高的饮用和艺术欣赏价值。

茶汤 黄绿清澈

叶底 匀嫩完整

女儿环成品茶的外形呈耳环形状，毫毛披伏，银白中隐约透着翠绿色，其叶底呈黄绿色，均匀完整，嫩芽连茎，柔软鲜嫩，经过多次冲泡后，不会有破损的迹象出现。女儿环茶汤色呈现黄绿色或者浅黄色，清澈明亮，油润光泽，花香浓郁，滋味醇厚，润滑回甘。

保健功效

（1）女儿环茶既具有绿茶的功效，又具有花茶的功效，它所含有的丰富茶多酚类物质以及茶碱，在清肝明目、生津止渴、坚固牙齿、降血压、防辐射、抗衰老等方面都有着明显的效果。

（2）女儿环茶具有保护肝脏，松弛神经，调节女性内分泌等功效，是特别适合女性朋友饮用的健康饮品。

（3）女儿环茶杀菌效果明显，多饮能够保证口腔的清洁和健康。

茉莉花茶

产地	福建、浙江、江苏、四川、安徽以及广西壮族自治区
外形	呈条形，肥硕饱满，条索紧细匀整，芽嫩
色泽	黑褐油润，白毫披伏
汤色	黄绿明亮，澄澈透明
香气	鲜灵持久，清香扑鼻，韵味持久
叶底	嫩匀柔软，芽叶花朵卷紧
滋味	醇厚鲜爽，有独特的茉莉花香，口感柔和

茉莉花茶是将茶叶和茉莉鲜花进行拼和、窨制，使茶叶吸收花香而成。茉莉花茶经久耐泡，根据品种和产地、形状的不同，茉莉花茶又有着不同的名称。

◇观其形。一般上等的茉莉花茶所选用毛茶嫩度较好，以嫩芽者为佳。条形长而饱满、白毫多、无叶者为上品，次之为一芽一叶、二叶或嫩芽多，芽毫显露。

◇闻其香。好的茉莉花茶，其茶叶之中散发出的香气应浓而不冲、香而持久，清香扑鼻，闻上去没有丝毫的异味。

◇饮其汤。从汤色和滋味来看，上好的茉莉花茶汤色黄绿明亮，澄澈透明，清香扑鼻，韵味持久，有独特的茉莉花香，滋味醇和、口感柔和。

茶汤 黄绿明亮

叶底 嫩匀柔软

保健功效

（1）茉莉花茶性凉，苦，入心、肝、脾、肺、肾、五经，能泻下、祛燥湿、降火，补益缓和，清热泻火、解表。

（2）茉莉花茶还有松弛神经的功效，有助于保持稳定的情绪，是最佳的天然保健饮品之一。

（3）茉莉花对痢疾、腹痛、结膜炎及疮毒等具有很好的消炎解毒的作用。

横县茉莉花茶

产地	广西壮族自治区南宁市横县
外形	紧细匀整
色泽	褐绿油润
汤色	黄绿明亮
香气	花香浓郁
叶底	黄绿匀嫩
滋味	浓醇甘爽

　　横县茉莉花茶为新创名茶，其选取的茉莉花来自"中国茉莉之乡"横县，有花蕾大、花期早且长、产量高、质量好、香味浓的特点。经过20多年的发展，横县的茉莉花茶产业已极具规模，更成为全县的重要经济支柱之一。

茉莉红茶

产地	福建
外形	匀齐毫多
色泽	黑褐油润
汤色	金黄明亮
香气	浓郁芬芳
叶底	匀嫩晶绿
滋味	醇厚甘爽

　　茉莉红茶是采用茉莉花茶窨制工艺与红茶工艺精制而成的花茶。此茶既有发酵红茶的秀丽外形，又有茉莉花的浓郁芬芳，集花茶和红茶的精华于一身。目前市面上销售较多的是福建九峰茶企生产的九峰茉莉红茶。

茉莉银毫

产地	安徽、浙江、福建、江苏等省
外形	紧细匀整
色泽	绿润显毫
汤色	黄绿明亮
香气	鲜灵持久
叶底	嫩黄柔软
滋味	醇厚鲜爽

　　茉莉银毫属茉莉花茶。茉莉银毫历史悠久，五代十国蜀毛之锡《茶谱》载："洪州西山白露鹤岭茶，号绝品。"茉莉银毫在茉莉花茶中属于中、高档茶，是一种"加工花茶"。它具有提神功效，可安定情绪及疏解郁闷。

茉莉龙珠

产地	福建省福州市及宁德市等地
外形	紧细匀整
色泽	褐绿油润
汤色	黄亮清澈
香气	鲜浓纯正
叶底	柔软肥厚
滋味	醇厚回甘

　　茉莉龙珠，又称茉莉龙团珠、茉莉花团，因其从外形上看干茶紧结成圆珠形而得名，属于花茶的一种。茉莉龙珠是选用优质绿茶嫩芽作为茶坯，经过加工干燥以后，与含苞待放的茉莉花瓣混合窨制而成的再加工茶。

珠兰花茶

产地	安徽省歙县、福建省福州市等地
外形	光滑匀整
色泽	深绿油润
汤色	清澈黄亮
香气	清鲜馥郁
叶底	嫩匀肥壮
滋味	浓醇甘爽

珠兰花茶是以烘青绿茶和珠兰或米兰鲜花为原料窨制而成，因其香气芬芳幽雅，持久耐贮而深受青睐，主要产自安徽、浙江、江苏、四川、福建等地，其中尤以福建福州珠兰花茶为佳。其品质特征是清芬稍逊于茉莉花茶，而香烈持久则胜于茉莉花茶。

月季花

产地	福建省武夷山
外形	外形饱满
色泽	鲜亮玫红
汤色	土黄清澈
香气	浓郁甜润
叶底	嫩匀柔软
滋味	浓醇甘爽

　　月季花，为蔷薇科、蔷薇属植物，素有"花中皇后"之称。月季花花期特长，适应性广，是世界上最主要的切花和盆花之一。月季花茶采用的是夏季或秋季采摘的月季花花朵，以紫红色半开放花蕾、不散瓣、气味清香者为宜。

碧潭飘雪

产地	四川省峨眉山
外形	紧细挺秀
色泽	绿中带黄
汤色	黄绿清澈
香气	鲜香醇正
叶底	成朵匀齐
滋味	醇爽回甘

碧潭飘雪是一种花茶，是 20 世纪 90 年代由知名茶人徐金华创制而成的。碧潭飘雪具有雅、迷、绝三大特点，是以早春的嫩芽为茶坯，再加上含苞未放的茉莉花制成，并保留干花瓣于茶中。其形如秀柳，汤呈青绿，水面点缀片片白雪，淡雅适度，滋味醇香可口。

金银花茶

产地	四川省
外形	紧细匀直
色泽	交绿光润
汤色	黄绿明亮
香气	清纯隽永
叶底	嫩匀柔软
滋味	醇厚甘爽

　　金银花茶是一种新兴保健茶，茶汤芳香、甘凉可口。常饮此茶，有清热解毒、通经活络、护肤美容之功效。市场上的金银花茶有两种：一种是鲜金银花与少量绿茶拼和，按金银花茶窨制工艺窨制而成的金银花茶；另一种是用烘干或晒干的金银花干与绿茶拼和而成。

桂花茶

产地	广西桂林
外形	紧细匀整
色泽	呈金黄色
汤色	绿黄明亮
香气	浓郁持久
叶底	嫩黄明亮
滋味	醇香适口

　　桂花茶是用鲜桂花窨制，既不失茶的香味，又带浓郁桂花香气，很适合胃功能较弱的人饮用。广西桂林的桂花烘青以桂花的馥郁芬芳衬托茶的醇厚滋味而别具一格，成为茶中之珍品，深受国内外消费者的青睐。桂花茶对口臭、溃疡、胃寒胃疼等症有预防作用。

玉蝴蝶

产地	云南、贵州等省
外形	形似蝴蝶
色泽	米黄无光
汤色	黄亮清澈
香气	花郁茶香
叶底	蝴蝶展翅
滋味	淡雅清爽

　　玉蝴蝶也称木蝴蝶，又名白玉纸，为紫葳科植物玉蝴蝶的种子，主产于云南、贵州等地，因为略似蝴蝶形而得名。玉蝴蝶茶主要摘取玉蝴蝶种子进行冲泡，既是云南少数民族的一种民间茶，又是一味名贵中草药，能清肺热，对急慢性支气管炎有很好的疗效。

小叶苦丁茶

产地	四川、云南、贵州等省
外形	紧细均匀
色泽	色泽润绿
汤色	碧绿清澈
香气	香气四溢
叶底	翠绿鲜活
滋味	回味甘甜

　　小叶苦丁茶，被誉为"绿色金子"，具有特殊保健作用。苦丁茶主要分为两种：一种是产于海南省、广西壮族自治区的大叶苦丁茶，而小叶苦丁茶主要产于四川、云南、贵州。小叶苦丁茶因其具有的消暑消倦功效而深受我国南方地区的百姓所喜爱。

◇**嗅香气。**叶底香气不明显，较平淡，热嗅和冷嗅无异味为正常，无霉气、焦气。

◇**尝滋味。**先苦后甘，苦味是口感可接受的醇爽，无异味为好。甘味，只是口感甘醇，回甘味不强烈、无甜味为好。饮后口腔及喉咙感觉清醇甘味，无恶味感。如品出酸、奇苦、辣、焦味的质量不够好，甚至是掺杂的伪劣品。

◇**检验耐泡性。**苦丁茶耐冲泡，其滋味缓缓释出，味浓而醇厚，先苦后甘，条索较紧结，即使连续冲泡十余次，仍然感到滋味甚浓的是上好的苦丁茶。而脱味快，易变淡味的苦丁茶则质量稍差。

◇**看汤色。**苦丁茶以汤色黄绿、清澈、无浑浊或悬浮物为好。

◇**评叶底。**苦丁茶冲泡后的叶底以靛青或暗青色、柔软、叶片无焦斑、无碎物的为好。用净开水泡浸的苦丁茶，茶汤放置三天至五天一般不会变味，滋味如初。冲泡后的苦丁茶，其茶渣在杯中放置三天至五天一般不会发生霉变，重新冲开水，苦丁茶的味道依然存在。

茶汤 碧绿清澈

叶底 翠绿鲜活

红巧梅茶

产地	中国西南边疆地区
外形	朵朵饱满
色泽	鲜亮玫红
汤色	淡粉红色
香气	清高凛冽
叶底	叶底匀整
滋味	甘甜清爽

　　红巧梅是千日红的一种，俗称妃子红，花朵红艳。红巧梅茶产于中国西南边疆地区，为历代宫廷饮用必备贡品。红巧梅茶富含精氨酸、天冬氨酸、谷氨酸、酥氨酸等多种氨基酸，具有调整内分泌紊乱、解郁降火、补血、健脾胃、通经络等功效。

菊花茶

产地	湖北大别山、浙江杭州及桐乡、安徽亳州等地
外形	花朵外形
色泽	色泽明黄
汤色	汤色黄色
香气	清香怡人
叶底	叶子细嫩
滋味	滋味甘甜

　　除了极具观赏性，菊花茶的用途也很广泛，在家庭聚会、下午茶、饭后消食解腻的时候，菊花茶常被作为饮品饮用。菊花产地分布各地，自然品种繁多，比较引人注目的则有黄菊、白菊、杭白菊、贡菊、德菊、川菊、滁菊等。

玫瑰花茶

产地	山东省济南市平阴县等地
外形	紧细匀直
色泽	色泽均匀
汤色	淡红清澈
香气	浓郁悠长
叶底	嫩匀柔软
滋味	浓醇甘爽

　　玫瑰花茶是用鲜玫瑰花和茶叶的芽尖按比例混合，利用现代高科技工艺窨制而成的高档茶，其香气具浓、轻之别，和而不猛。我国现今生产的玫瑰花茶主要有玫瑰红茶、玫瑰绿茶、墨红红茶、玫瑰九曲红梅等花色品种。

◇看外形。玫瑰花茶的外形饱满，色泽均匀，朵大杂质少，花瓣完整。如果玫瑰花茶的花瓣是整的少而碎的多，质量就不是上乘的了。

茶汤 淡红清澈

◇掂重量。上好的玫瑰花茶是比较有重量的，而且没有梗子或者碎末等杂质。

叶底 嫩匀柔软

◇闻香味。玫瑰花茶香气冲鼻，并且没有什么其他的异味，说明玫瑰花茶质量上乘。

◇观茶汤。玫瑰花茶在冲泡之后，茶汤偏淡红或者土黄色。如果看上去汤色是通红的，则大多是由于添加色素所致，不是纯正上好的玫瑰花茶。

保健功效

（1）缓解疲劳：玫瑰花能改善内分泌失调，对消除疲劳和伤口愈合有帮助，还能调理女性生理问题。身体疲劳酸痛时，取些来按摩相当合适。

（2）保肝降火：玫瑰花能降火气，还能保护肝脏胃肠功能，长期饮用亦有助于促进新陈代谢。

百合花茶

产地	江苏宜兴、湖南隆回、甘肃兰州、云南昆明阿子营、江西万载等地
外形	紧细圆直
色泽	橘红油润
汤色	金黄明亮
香气	浓厚清雅
叶底	叶底匀整
滋味	味甘微苦

　　百合花主要产于中国、日本，具有极高的医疗价值和食用价值。百合花茶是采用先进的科学技术将百合花加工配制而成，具有原生态的特性。

七彩菊

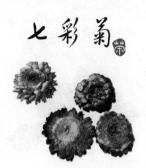

产地	西藏
外形	花朵饱满
色泽	橘黄渐变
汤色	清澈亮黄
香气	淡淡微苦
叶底	花朵匀整
滋味	滋味清爽

　　七彩菊，又名洋菊花，产于西藏高山之中，有散风清热、平肝明目的作用，还有独特的美容奇效，长期饮用对女性面部美容有很好的效果。七彩菊集观赏及饮用为一体，无论单饮还是配茶叶共饮，均清香四溢。该茶最适合餐后和睡前饮用，是失眠患者的最佳茶饮。

洛神花

产地	广东、广西、台湾、云南、福建等地
外形	外形完整
色泽	透着鲜红
汤色	艳丽通红
香气	淡淡酸味
叶底	叶底匀整
滋味	微酸回甜

　　洛神花又称玫瑰茄、洛神葵、山茄等，目前在我国的广东、广西、福建、云南、台湾等地均有栽培。洛神花茶富含人体所需氨基酸、有机酸、维生素 C 及多种矿物质和木槿酸等，其中木槿酸被认为对治疗心脏病、高血压病、动脉硬化等有一定疗效。

桂花龙井

产地	浙江省杭州
外形	细长片形
色泽	青绿馨黄
汤色	翠绿明亮
香气	浓郁芬芳
叶底	成朵匀齐
滋味	清鲜回甜

　　桂花龙井是西湖龙井茶坯与桂花窨制而成的一种名贵花茶，早在宋代便已存在。桂花龙井的等级高低主要看所用的西湖龙井茶坯的好坏，以桂花为紫红色，龙井茶坯扁平光滑、色泽鲜活、匀齐洁净的，且茶叶的芽比其旁边的叶子长或者一样长的为佳品。

金萱乌龙

产地	台湾
外形	紧结沉重
色泽	翠绿有光
汤色	金黄明亮
香气	有奶香味
叶底	肥厚匀整
滋味	甘醇滑润

　　金萱茶，又名台茶十二号，是以金萱茶树采制的半球形包种茶，由于此乌龙茶具有独特的香味，由台湾茶业改良场第一任厂长吴振铎老师按其特色命名为"金萱"。金萱乌龙茶产于台湾高海拔之山脉，为台湾茶叶改良场改良成功之新品种茶，属品茗者独钟之茶中极品。

 附录

中国十大名茶

关于"中国十大名茶"
的名分，一直众说纷纭，
其中 1959 年全国"十大
名茶"的评选结果为多
数人所认同，它们是：
西湖龙井、洞庭碧螺春、
黄山毛峰、庐山云雾、
六安瓜片、君山银针、
信阳毛尖、武夷岩茶、
安溪铁观音、祁门红茶。

西湖龙井（绿茶皇后）

　　西湖龙井，是指产于中国杭州西湖龙井一带的一种炒青绿茶，以"色绿、香郁、味甘、形美"而闻名于世，是中国最著名的绿茶之一。历史上西湖龙井按产地不同分为狮、龙、云、虎、梅五个种类，其中以狮峰龙井为最佳，有"龙井之巅"的美誉。

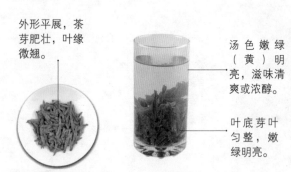

外形平展，茶芽肥壮，叶缘微翘。

汤色嫩绿（黄）明亮，滋味清爽或浓醇。

叶底芽叶匀整，嫩绿明亮。

评茶论道

　　根据茶叶采摘时节不同，西湖龙井又可分为明前茶和雨前茶。随着级别的下降，外形色泽嫩绿、青绿、墨绿依次不同，茶身由小到大，茶条由光滑至粗糙，香味由嫩爽转向浓粗，叶底由嫩芽转向对夹叶，色泽嫩黄、青绿、黄褐各异。

洞庭碧螺春（茶中仙子）

洞庭碧螺春始于明代，产于江苏苏州太湖的洞庭山碧螺峰上，原名"吓煞人香"，俗称"佛动心"，后因康熙皇帝南巡时大加赞赏而御赐更名"碧螺春"，该茶"形美、色艳、香浓、味醇"，风格独具，驰名中外。

条索纤细，卷曲成螺，满被茸毛，色泽碧绿。

汤色碧绿清澈，滋味香郁鲜爽，回味甘厚。

叶底嫩绿柔匀。

评茶论道

碧螺春茶通常由春分始采，至谷雨结束，清晨采摘一芽一叶的茶叶，中午筛拣，下午至晚上炒制，目前大多仍采用手工方法炒制，杀青、炒揉、搓团焙干，三个工序在同一锅内一气呵成。

黄山毛峰（茶中精品）

黄山毛峰产于安徽黄山，以茶形"白毫披身，芽尖似峰"而得名，其特点为"香高、味醇、汤清、色润"，堪称我国众多毛峰之中的贵族，独特的品质风味与悠久的历史底蕴让黄山毛峰现已成为我国著名的外交礼品用茶。

外形细嫩扁曲，多毫有锋，色泽油润光滑。

汤色清澈明亮，滋味鲜浓、醇厚，回味甘甜。

叶底嫩黄肥壮，匀亮成朵。

评茶论道

黄山毛峰于清明至谷雨前采制，以一芽一叶初展为标准，以晴天采制的品质为佳，经采摘、摊放、挑拣、杀青、烘焙而成，条索细扁，形似"雀舌"，白毫显露，色似象牙，带有金黄色鱼叶，俗称"茶笋"或"金片"。

庐山云雾（茶中上品）

庐山云雾，俗称"攒林茶"，古称"闻林茶"，始产于汉代，已有一千多年的栽种历史，被"茶圣"陆羽誉为"中华第一茶"。庐山云雾茶汤幽香如兰，饮后回甘香绵，素有"六绝"之名，在国内外茶品市场上倾慕者甚众。

外形条索粗壮、饱满秀丽。

汤色明亮、香高持久、醇厚味甘。

叶嫩匀整。

茶芽隐露、青翠多毫。

🍵 评茶论道

庐山云雾的产地北临长江，南近鄱阳湖，气候温和，常年的云雾缭绕为茶树生长提供了良好的自然条件。通常在清明前后，以一芽一叶为采摘标准，经采摘、摊晾、杀青、抖散、揉捻等九道工序制成。

六安瓜片（神茶）

六安瓜片，又称片茶，因其产地古时隶属六安府而得名，其中产于金寨齐云山一带的茶叶，为瓜片中的极品，冲泡后雾气蒸腾，有"齐山云雾"的美称。古人还多用此茶做中药，常饮有清心目、消疲劳、通七窍的作用。

外形平展，茶芽肥壮，叶缘微翘。

色泽翠绿。

汤色清澈晶亮，滋味鲜醇，回味甘美。

叶底嫩绿、明亮、柔匀。

 评茶论道

六安瓜片的产地云雾缭绕，气候温和，由秦汉至明清时期，已有2000多年的贡茶历史。一般用80℃的水冲泡，待茶汤凉至适口时，品尝茶汤滋味，宜小口品啜，缓慢吞咽，可从茶汤中品出嫩茶香气，沁人心脾。

君山银针（黄茶之冠）

君山银针，始于唐代，清朝时被列为"贡茶"，分为"尖茶""茸茶"两种，"尖茶"如茶剑，白毛茸然，纳为贡茶，素称"贡尖"。冲泡之时根根银针悬空竖立，继而三起三落，簇立杯底，极具观赏性，乃黄茶之中的珍品。

茁壮坚实，白毫显露。

茶芽内面呈金黄色，有"金镶玉"之说。

汤色橙黄，滋味甘醇，香气高爽。

叶底嫩黄匀亮。

评茶论道

君山银针，采摘茶叶的时间限于清明前后，采摘标准为春茶的首轮嫩芽，叶片的长短、宽窄、厚薄均是以毫米计算，500克银针茶，约需105000个茶芽，经繁复的8道工序共78个小时方可制成。

信阳毛尖（绿茶之王）

信阳毛尖，又称"豫毛峰"，因条索紧直锋尖，茸毛显露，故而得名。河南信阳早在唐代即是我国的八大产茶区之一，信阳毛尖采制极为考究，以其"细、圆、光、直、多白毫、香高、味浓、汤绿"的特色为历代文人名家所倾慕。

细秀匀直，显峰苗。

色泽翠绿，白毫遍布。

汤色嫩绿鲜亮，香气鲜嫩高爽。

叶底嫩绿明亮、细嫩匀齐。

评茶论道

信阳毛尖的采茶期分为谷雨前后、芒种前后和立秋前后三季。其中，谷雨前后采摘的少量茶叶被称为"跑山尖""雨前毛尖"，是毛尖珍品。特级品展开呈一芽一叶初展，汤色嫩绿、黄绿或明亮，味道清香扑鼻。

武夷岩茶（茶之状元）

　　大红袍，出产于福建武夷山九龙窠的高岩峭壁上，是武夷岩茶中品质最优的一种乌龙茶。传说因高中状元的驸马回武夷山天心寺谢恩，将红袍披于岩壁上的茶树而得名。该茶"活、甘、清、香"，极具武夷岩茶岩韵的品质特征。

香气馥郁持久，醇厚回甘。

外形条索紧结，色泽绿褐鲜润，叶片红绿相间或者镶有红边。

汤色橙黄明亮。

🍵 评茶论道

　　大红袍产区九龙窠日照短，多反射光，昼夜温差大，岩顶终年有细泉浸润。现仅存大红袍母茶树6株，均为千年古茶树，其叶质较厚，芽头微微泛红。其制作工艺也被列入非物质文化遗产名录，堪称国宝级名茶。

安溪铁观音（七泡余香）

铁观音，介于绿茶和红茶之间，属半发酵茶，色泽乌黑油润，砂绿明显，整体形状似"蜻蜓头、螺旋体、青蛙腿"，七泡而仍有余香，俗称有"音韵"，因叶似观音，沉重如铁而被乾隆赐名"铁观音"。

茶条卷曲，肥壮圆结，沉重匀整。

叶底肥厚柔润。

汤色金黄似琥珀，有天然兰花香气或椰香，滋味醇厚甘鲜，回甘悠久。

评茶论道

铁观音分"红心铁观音"和"青心铁观音"两种。纯种铁观音树为灌木型，茶叶呈椭圆形，叶厚肉多，叶片平坦，产量不高。一年分四季采制，品质以秋茶为最好，春茶次之。秋茶香气特高，俗称秋香，但汤味较薄。

祁门红茶（群芳最）

祁门红茶，简称祁红，所采茶树为"祁门种"，以"香高、味醇、形美、色艳"四绝闻名于世，是世界三大高香名茶之一。清饮，可品其清香，调饮，亦香气不减，在国际上有"王子香""群芳最"的美名。

条索紧细匀整，锋苗秀丽。

色泽乌润。

汤色红艳明亮，滋味甘鲜醇厚，内质清芳，带有蜜糖果香或兰花香，香气持久，叶底鲜红明亮。

🍵 评茶论道

祁门红茶在春夏两季采摘，精拣鲜嫩茶芽的一芽二叶，经萎凋、揉捻、发酵、烘焙、精加工等工序制成。茶形条索紧秀，色泽乌润，俗称"宝光"，香气似花似果似蜜，俗称"祁门香"，是英国女王及其皇室青睐的茶品。